JN447611

제 2 판

B.C.Info

통신시스템 실습

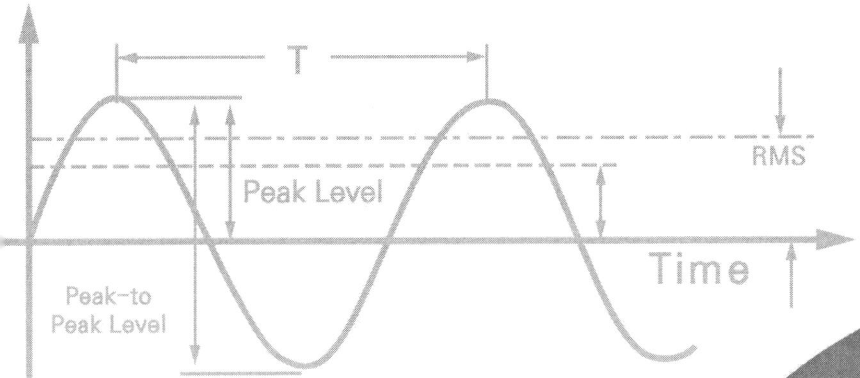

최승덕 저

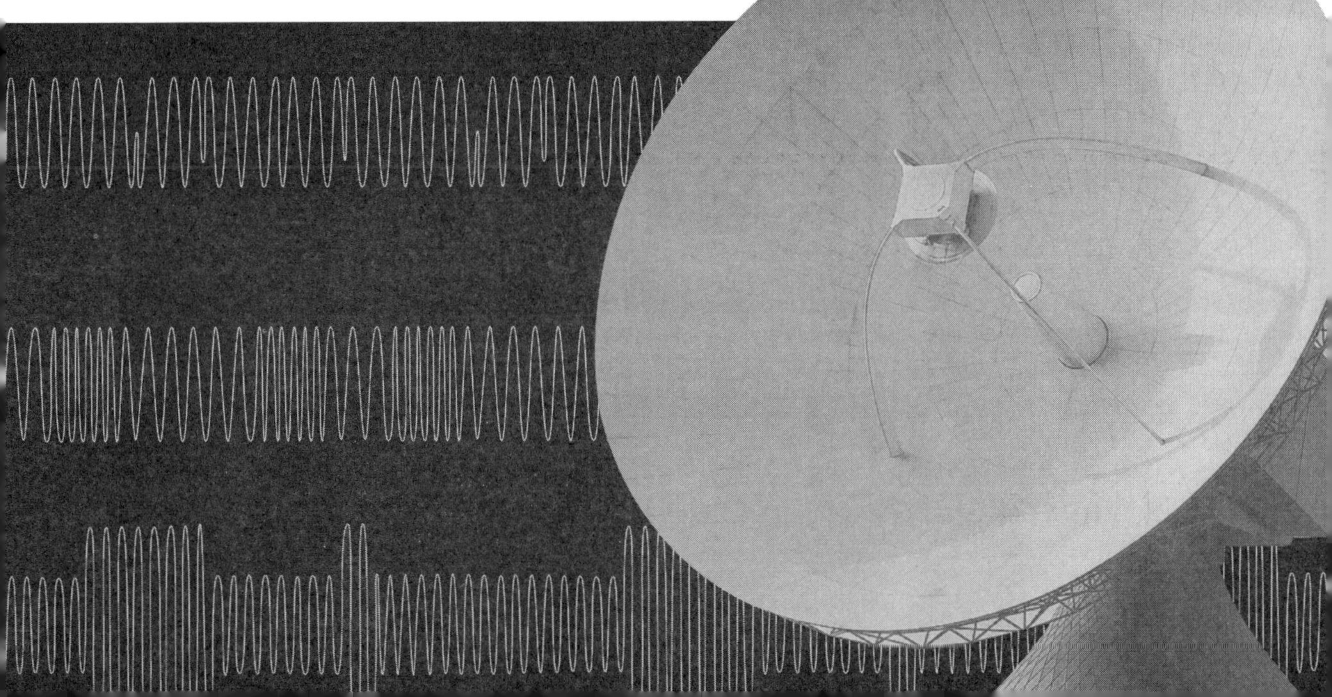

목차

1장 부품의 종류

1.1 저항(Resistor) : R[Ω]

1) 저항식별(일반저항)

(1) 4색띠 저항

색띠	1자리수	2자리수	승수	오차(%)	색띠	1자리수	2자리수	승수	오차(%)
흑색	0	0	10^0		자색	7	7	10^7	
갈색	1	1	10^1		회색	8	8	10^8	
적색	2	2	10^2		백색	9	9	10^9	
등색	3	3	10^3		금색			10^{-1}	5%
황색	4	4	10^4		은색			10^{-2}	10%
녹색	5	5	10^5		무색				20%
청색	6	6	10^6						

(2) 5색띠 저항

색띠	1자리수	2자리수	3자리수	승수	오차(%)	색띠	1자리수	2자리수	3자리수	승수	오차(%)
흑색	0	0	0	10^0		자색	7	7	7	10^7	
갈색	1	1	1	10^1	1%	회색	8	8	8	10^8	
적색	2	2	2	10^2	2%	백색	9	9	9	10^9	
등색	3	3	3	10^3		금색				10^{-1}	
황색	4	4	4	10^4		은색				10^{-2}	
녹색	5	5	5	10^5	5%	무색					
청색	6	6	6	10^6							

2) 가변저항(가변저항, 반고정 저항)

기 호	종 류
 가변저항	

1.2 콘덴서(Condenser) : C [F]

종 류	마일라 등	전 해	가 변	반고정
기호	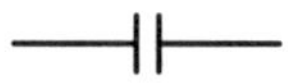 콘덴서	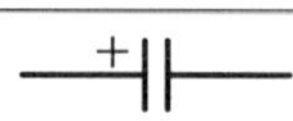 C-POL	 C-VAR	 C-TRIMM

1) 콘덴서 용량 판별법

$$1 \quad 0 \quad 4 \quad J \quad : 10\times10^{4}\times10^{-12}=0.1[\mu F]\pm5\,[\%]$$

2) 허용오차

한 개의 문자로 나타낸다. 10 [pF] 이상은 [%]로 표시하고, 10 [pF] 이하는 [pF]으로 표시한다.

문자	B	C	D	F	G	J	K	M	N	V	X	Z	P
허용오차 [%]	±0.1	±0.25	±0.5	±1	±2	±5	±10	±20	±30	+20 −10	+40 −20	+80 −20	+100 0
[pF]	±0.1	±0.5	±0.5	±1	±2	−	−	−	−	−	−	−	−

3) 정격전압

문자와 숫자의 조합으로 표시되며, 단위는 [V]이다. 정격전압 표시가 없는 경우는 50 [V]를 나타낸다.

숫자	A	B	C	D	E	F	G	H	J	K
0	1	1.25	1.6	2.0	2.5	3.15	4.0	5.0	6.3	8.0
1	10	12.5	16	20	25	31.58	40	50	63	80
2	100	125	160	200	250	315	400	500	630	800
3	1000	1250	1600	2000	2500	3150	4000	5000	6300	8000

1.3 코일(Inductor) : L [H]

INDUCTOR

1.4 다이오드(Diode)

1) 다이오드의 종류

a. 정류 다이오드(Sillicon diode)
b. 검파 다이오드(Germanum diode)
c. 제너 다이오드(Zener diode)
d. 포토 다이오드(Photo diode)
e. 발광 다이오드(Light emitter diode)
f. 터널 다이오드(Tunnel diode)
g. 브릿지 다이오드

2) 다이오드 양부 check 방법

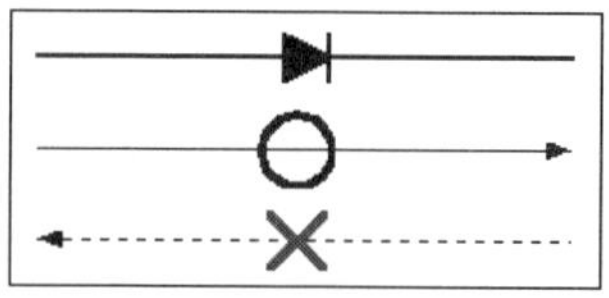

1.5 7 Segment LED Display(FND)

〈 전 면 〉	
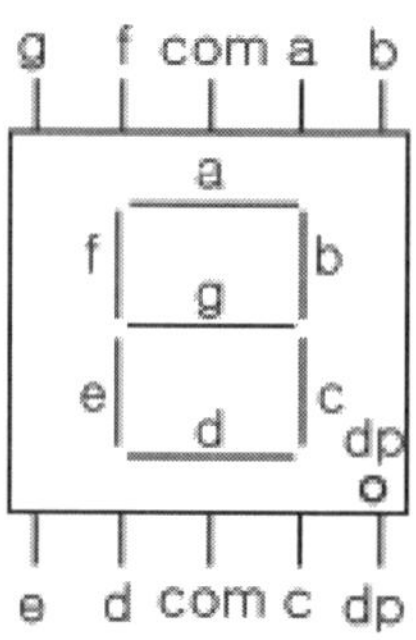	FND 507 : ANODE COMMON (COM이 + 쪽) FND 500 : CATHODE COMMON (COM이 – 쪽)

1) Anode Common Segment(FND 507)

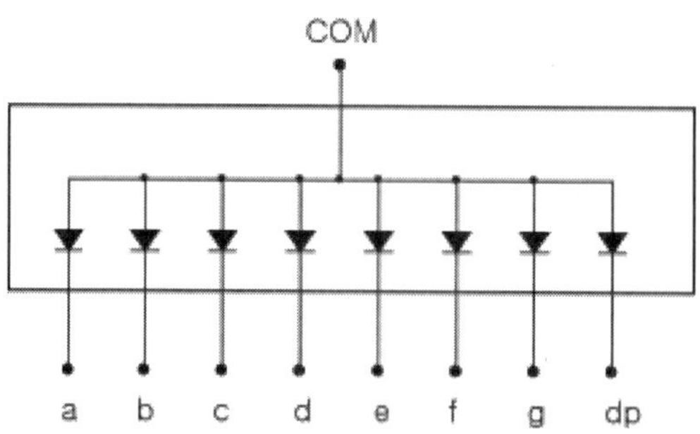

2) Cathode Common Segment(FND 500)

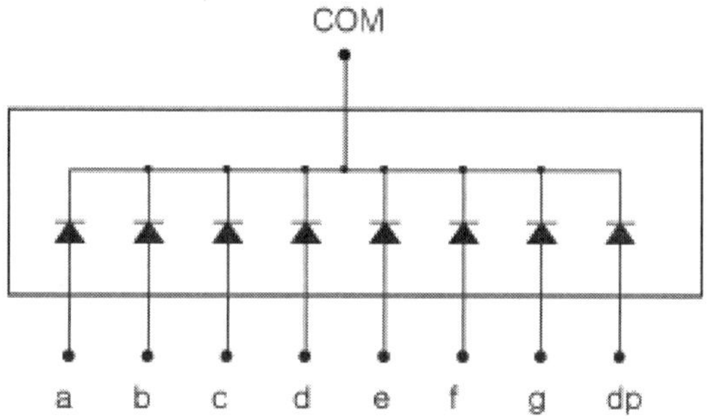

1.6 스위치(SW)

종 류	Push Button		Slide	Toggle
형 태				

1.7 트랜지스터(Transistor)

1) 기호

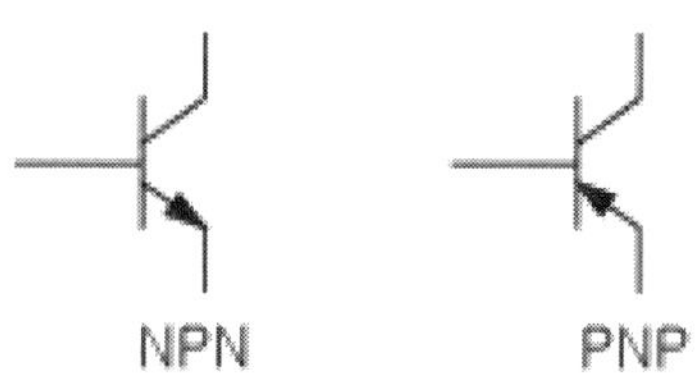

2) Transistor 형명 표시방법

2 S C 1815 Y

① 제1숫자 : 소자의 종류

0 : 포토트랜지스터

1 : 다이오드

2 : 트랜지스터(게이트 1개의 FET)

3 : 게이트 2개의 FET

② 제2숫자 : 반도체(Semiconductor)의 머리글자

③ 제3숫자 : 용도 표시

A : PNP형 고주파용

B : PNP형 저주파용

C : NPN형 고주파용

D : NPN형 저주파형

J : P 채널 FET

K : N 채널 FET

N : UJT

④ 제4숫자 : 등록순서(11에서부터 순번등록)

⑤ 제5숫자 : 전류증폭률

O : 70 -140

Y : 120 -240

GR : 200 -400

BL : 350 -700

3) 트랜지스터의 극성과 NPN, PNP를 쉽게 식별하는 방법

Analog : 트랜지스터의 극성은 회로시험기의 저항계로 식별할 수 있다. 우선 회로시험기의 저항계를 R×100 Range에 놓고 트랜지스터의 임의의 두 단자에 회로시험기의 적색봉과 흑색봉을 교대로 접속해 본다. 이때 저항이 ∞이면 다른 한 단자가 베이스(Base)이고, 에미터(Emitter)와 콜렉터(Collector)는 일반적으로 글씨가 보이는 앞면에서 볼 때 E-B-C, E-C-B, B-C-E 순서이다. 또한 베이스에 흑색봉을, 에미터에 적색봉을 접속하여 저항이 0 [Ω] 부근의 작은 저항값을 지시할 때 NPN 트랜지스터이고, 그 반대가 PNP 트랜지스터이다.

Digital : Analog와 반대이다.

1.8 전계효과 트랜지스터(FET : Field Effect Transistor)

1) FET의 종류 및 구조

종류	극성	구조 및 기호
접합형 FET (JFET)	N – channel	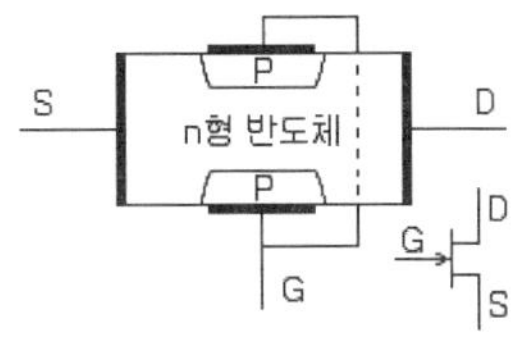
	P – channel	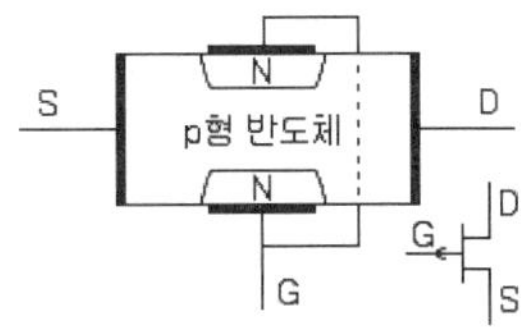
MOS형 FET	N – channel	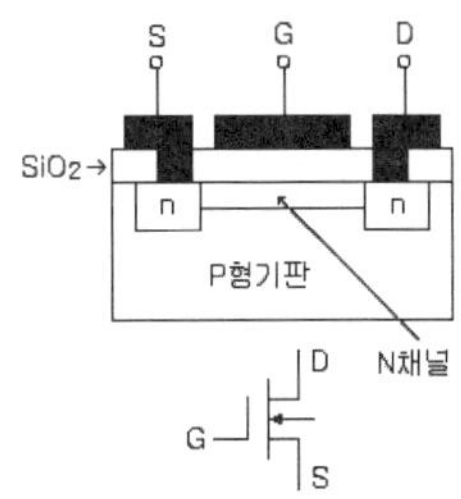
	P – channel	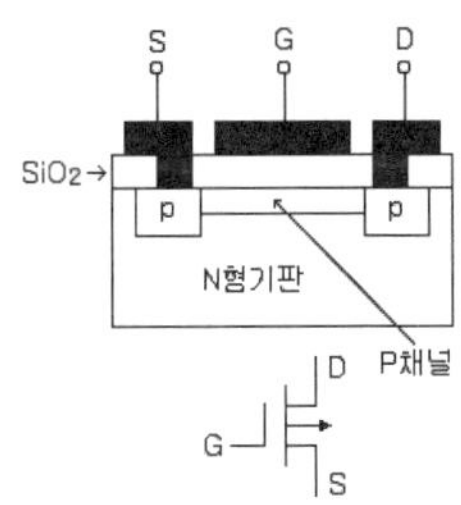

1.9 집적회로(IC's : Integrated Circuits)

1) 외형에 따른 IC 분류

a. DIP(Dual Inline Package)형

b. TO형 package

c. SIP(Single Inline Package)형

d. Flat형 Package

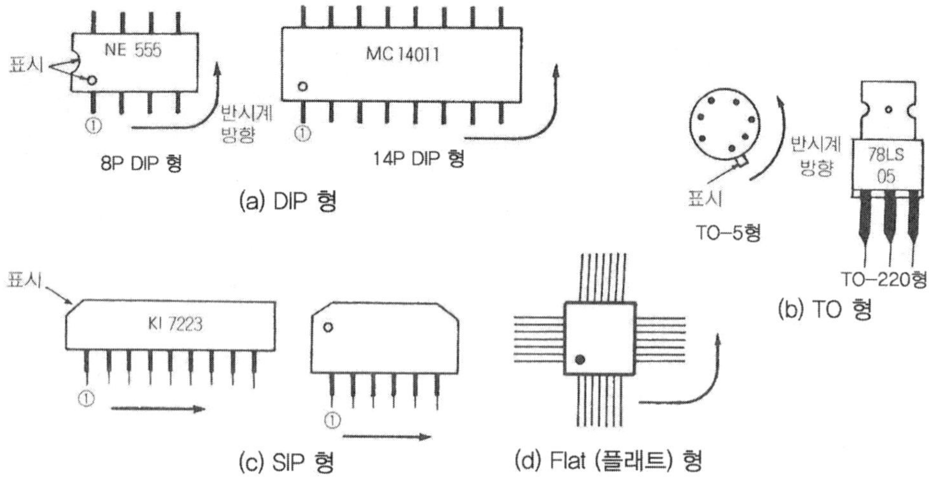

2) TTL IC의 logic level (Vin = 5V)

a. Vin "L" level (V_{IL}) : 0 - 0.8V

"H" level (V_{IH}) : 3.5V - 5.0V

b. Vout "L" level (V_{OL}) : 0 - 0.4V

"H" level (V_{OH}) : 2.4V - 5.0V

3) 시리즈 분류

a. Normal(무표시) : 가장 처음에 개발된 IC로 표준 전파지연 시간은 10 [ns] 정도로 게이트 입력에서의 논리 변화가 출력의 논리 변화로 나타날 때까지 걸리는 시간이다.

b. H(High Speed) : 소비전력이 다소 증가하더라도 속도를 빠르게 한 IC이다.

c. L(Low power) : 속도에 관계없이 소비 전력을 억제한 IC이다.

d. S(Schottky) : 소비전력은 증가하더라도 고속 동작을 위해 내부 트랜지스터의 베이스 컬렉터 사이에 쇼트키 배리어 다이오드를 넣어 포화 전류를 제어한 IC이다.

e. LS(Low power Schottky) : 현재에 가장 많이 사용한다. 쇼트키 다이오드를 사용하지만, 소비전력을 작게 한 IC이다.

f. AS(Advanced Schottky) : S형을 개량한 것으로 속도는 S형과 비슷하고 소비전력을 약 1/3 정도로 줄인 IC이다.

g. ALS(Advanced Low power Schottky) : LS형을 개량한 것으로 작은 소비전력으로 상당한 속도를 지닌 IC이다.

4) C-MOS IC의 logic level(Vin = 5V)

a. Vin "L" level (V_{IL}) : 0 - 1.5V

"H" level (V_{IH}) : 3.5V -5.0V

b. Vout "L" level (V_{OL}) : 0 - 0.1V

"H" level (V_{OH}) : 4.9V - 5.0V

** Noise Margin : 동일한 IC 간, 다른 IC 간의 접속에 있어서 전기적 특성이 다르더라도 정확한 digital 신호를 전송하기 위해서 전압 level의 여유를 둔 것.

5) 제조회사별 IC 명칭

HA : Hitachi

SN : TI(Texas Instrument)

TC : Toshiba

NE : 시그넥 틱스사

μ A : 페어 차일드

MC : Motorola

CD : RCA

XR : EXAR

kA : 삼성

LM : 내셔널

2장 계측기 사용법

2.1 브레드보드 사용법

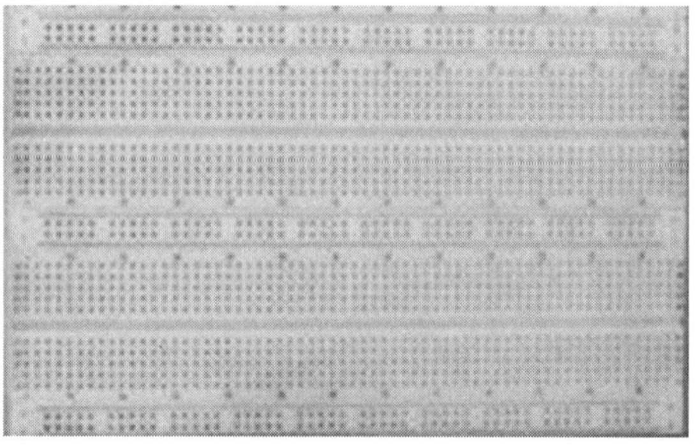

1) 브레드보드 기본 연결

(1) 가로 메인 전원선

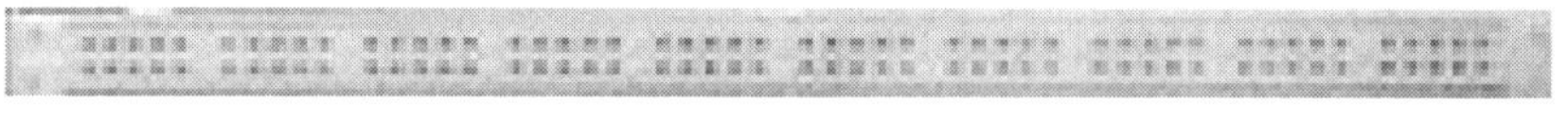

① 위쪽 라인과 아래쪽 라인은 분리되어 있다.

② 위쪽 라인 전체, 아래쪽 라인 전체는 연결되어 있다.

③ 보통 위쪽 라인은 +Vcc, 아래쪽 라인은 GND로 설정한다.

(2) 중앙 연결선

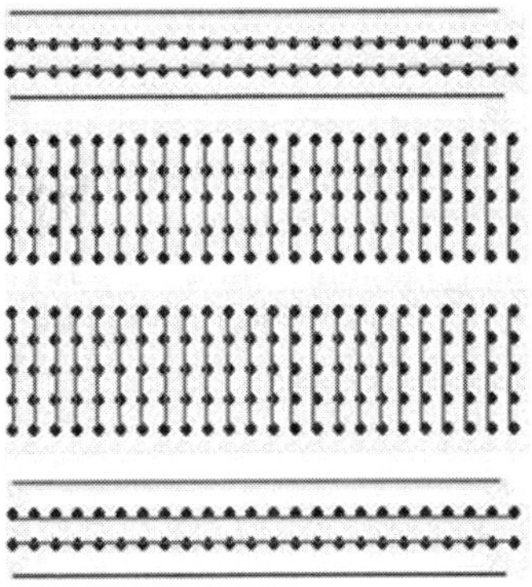

① 가로라인의 6개의 단자는 연결되어 있다.

② 왼쪽 6개 단자와 오른쪽 6개 단자는 분리되어 있다.

③ 중앙 연결선 부분의 세로는 각각 분리되어 있다.

2.2 오실로스코프(Oscilloscope) 사용법

1) 각부의 명칭 및 기능

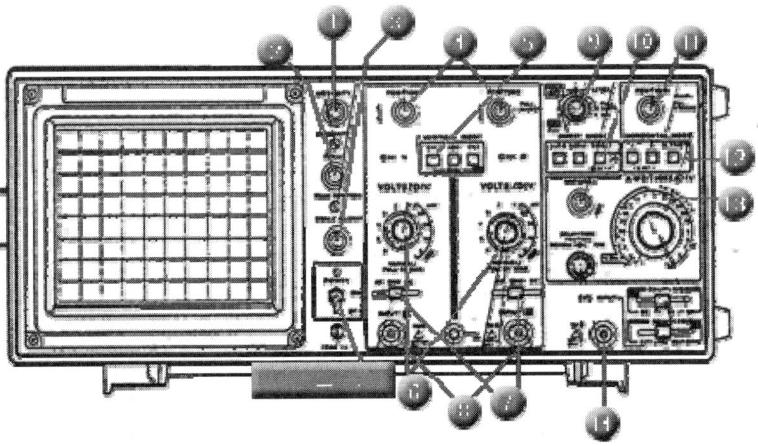

① INTENSITY

이 조정장치는 CRT상의 밝기와 휘도를 조정하는 단자로 시계방향으로 회전시키면 밝기가 강해진다. 휘도는 CRT 형광면이 손상되지 않도록 너무 강하게 해서는 안 된다.

② FOCUS

이 조정장치는 형광면에 예민한 궤적을 얻기 위해 INTENSITY와 함께 조정하는 것이다. 이 두 조정장치는 상호작용이 있어서 하나를 조정하면 다른 것을 조정하여야 한다.

③ SCALE ILUM

눈금의 밝기를 조정한다.

④ POSITION

궤적의 수직위치를 조정하는 단자로, 손잡이를 당기면 입력신호의 극성이 반전된다.

⑤ VERTICAL MODE

- CH1, CH2

채널1이나 채널2의 한 개의 입력만 관측할 때 사용되며, 그때의 트리거원은 입력 신호가 된다.

- ADD

CH1의 입력 파형과 CH2의 입력 파형의 합 및 차의 신호를 그릴 수 있는 단자이다. 이 스위치를 누르면 두 신호의 합이 나타나고, 차의 신호를 보려면 이 스위치를 누르고 CH2의 POSITION단자를 당긴다.

⑥ VOLT/DIV

수직입력 신호를 감쇄하는 단자로, VOLT/DIV의 제시치는 형광면의 수직 편향의 매 눈금에 해당하는 전압을 결정한다.

⑦ AC-GND-DC

이 단자는 수직입력 절환 스위치로, AC의 경우 입력 단자 콘덴서가 삽입되어 입력 신호 중 직류성분이 제거되고 교류 성분만이 관측된다.

DC의 경우 입력단자가 직접 스코프에 직결되어 제거되는 성분 없이 모두 입력된다. GND의 경우 입력단자는 개방되고 내부증폭기의 입력은 Ground가 영점 조정 시 사용된다.

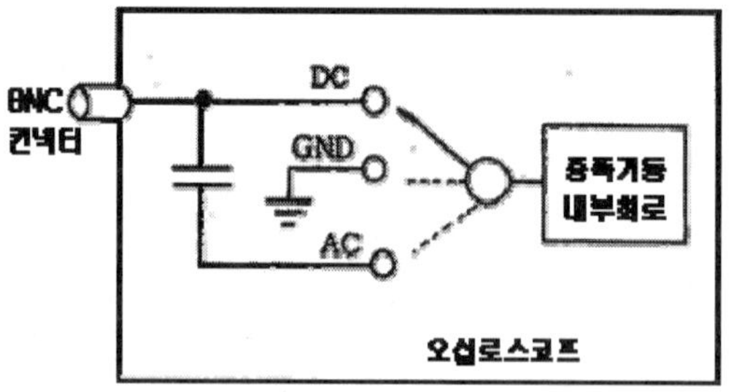

수직 입력 절환 스위치

⑧ INPUT

수직 입력신호 연결용 BNC 커넥터이다.

⑨ HOLD-OFF

소인이 정지하고 있는 시간을 제어하여 소인의 반복 주기를 관측하는 신호의 반복주기와 맞춤으로 파형을 정지시킨다.

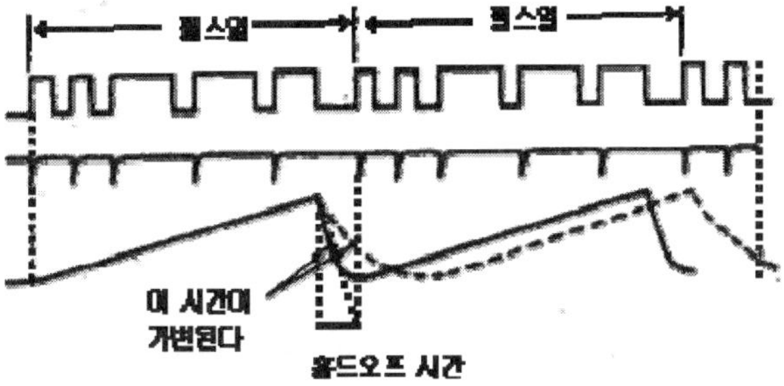

홀드오프의 원리

⑩ SWEEP MODE

소인(SWEEP)방식을 선택하는 스위치

■ AUTO

오토모드로서 오실로스코프에 가해지는 입력의 트리거신호가 없을 경우 형광면 상에는 아무 파형도 나타나지 않는다. 측정자의 입장에서는 파형의 위치나 크기를 잘못 추측한 건지 곤란한 경우가 있다. 이때 이 모드는 스코프에 가해지는 파형이 없더라도 프리러닝(Free running)하도록 하는 모드이다. 주파수 50[Hz] 이하의 신호에서도 같은 동작을 한다.

■ NORM

AUTO MODE와는 달리 트리거신호가 없으면 파형은 나타나지 않는 모드이다. 주로 50[Hz] 이하의 반복신호의 관측에 사용된다.

■ SINGLE(PUSH TO RESET)

단발 펄스 등과 같이 1회만 발생하는 현상 또는 간헐적으로 발생하는 신호를 관측할 때 사용된다. RESET되기 전까지는 소인회로는 한 번만 소인된다. 반복적으로 단 소인하기 위해서는 RESET스위치를 수동으로 조작해야 한다.

⑪ POSITION

궤적(trace)의 수평위치를 조정한다. 궤적의 형광점은 면을 중앙을 차지하도록 한다. 이 스위치를 앞으로 당기면 수평 증폭기의 GAIN이 10배로 되면 CRT 관면 소인을 10배로 확대된다.

⑫ HORIZONTAL MODE

■ A : 주소인, 즉 A 소인모드로 동작한다.

■ A INT : A 소인 파형을 확대하거나 부분을 선택할 경우 사용된다. A 소인에 대해서 B 소인부를 밝게 표시한다.

■ B : 지연소인인 B 소인만 표시한다. 지연소인은 주로 복잡한 파형의 일부를 형광면에서

확대하고 그 시간을 측정하는 기능이다.

- B TRIG : 연속지연과 동기 지연을 선택하는 스위치가 눌러진 상태는 동기 지연이고 눌리지 않은 상태는 연속지연이다.

⑬ TIME/DIV

파형주기를 변화시킨다.

2) 오실로스코프의 초기 설정

[1] 오실로스코프에 전원을 넣기 전에 공급 전압을 확인하고, 정면 패널을 다음과 같이 조정한다.

표 1 전원 투입 전 셋업 사항

명 칭	설 정	명 칭	설 정
POWER	OFF	V.MODE	CH1
INTEN	반시계방향회전	TRIG	AUTO
FOCUS	중앙	TRIG SOURCE	INT
AC-GND-PC	GND	INT TRIG	CH1
VARIABLE	CAL	TIME/DIV	0.5[ms/div]
↑ ↓ POSITION	중앙	↔ POSITION	중앙

[2] 오실로스코프에 전원을 넣는다.

[3] 휘선이 선명하게 관측될 수 있도록 INREN과 FOCUS를 조정한다.

[4] 음극선관의 휘선이 기울어져 있으면 TRACE ROTATION을 드라이버로 조정한다.

[5] probe를 10:1로 하고 CH1의 INPUT단자에 연결한다.

[6] probe의 끝(TIP)을 CAL 0.5[V]에 연결한다.

[7] CH1의 수직 감쇄기 VOLT/DIV 스위치를 10 [mV/DIV]에 놓고, AC-GND-DC 스위치를 DC에 놓는다.

[8] 이때 화면상에 5 DIV의 구형파가 나타나는지 확인한다.

[9] 만일 나타난 구형파가 다음 그림과 같이 찌그러지면 probe에 부착된 트리머를 조정하여 완전한 구형파가 되게 한다.

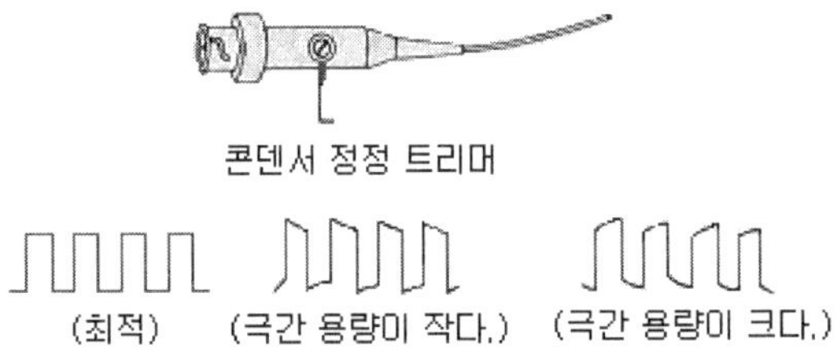

[10] CAL 0.5 [V]로부터 출력단자 probe를 떼어낸다.

3) 파형 측정 및 판독법

오실로스코프는 파형 관측뿐만 아니라 직류와 교류의 전압, 전류의 측정 및 주기를 측정할 수 있으며, 주파수는 주기의 역수로 계산할 수 있다. 그리고 리사주 도형으로 파형 상호간의 위상차를 측정할 수 있다. 일반적으로 측정하고자 하는 파형의 크기는 브라운관 폭의 6~8할 정도가 되도록 VOLT/DIV로 조절해 주는 것이 좋다.

오실로스코프 관면에 나타난 값은 피크값(peak to peak)이 된다. 따라서 사인파의 경우 실효값과 최대값은 다음 식으로 구할 수 있다.

$$\text{실효값} = \frac{\text{최대값}}{\sqrt{2}}, \ \text{최대값} = \frac{\text{피크값}}{2}$$

주기는 1사이클의 시간을 나타내는 값으로 'TIME/DIV×관면 위의 눈금 수'에서 구할 수 있다. 주기의 역수는 주파수의 크기이다.

(1) 직류 전압 측정의 기본

입력신호를 수직 입력단자에 접속하고 AC-GND-DC스위치를 GND 위치에 놓은 다음, 0[VOLT]점을 정한 후 DC로 전환하면 파형이 상승 또는 하강한다. 이때 스위프의 입력 신호가 (+)의 극성이면 상승하고, 입력 신호가 (-)의 극성이면 하강하게 된다. 이때 상승 또는 하강한 파형이 그림과 같다면 이 변화의 폭이 직류 전압을 나타낸다.

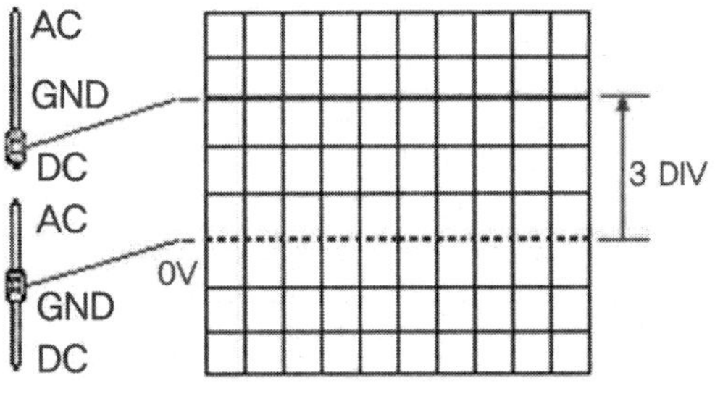

예제 및 풀이)

VOLT/DIV를 50[mV/DIV]에 놓았을 때 위 그림과 같이 이동한 거리가 3 DIV이면 직류전압 = 수직이동거리(DIV) × 수직 감쇄 지시값(VOLT/DIV) × probe의 감쇄비 식에 의해서 150[mV]가 된다.

(2) 직류에 교류가 중첩된 전압의 측정

AC-GND-DC 스위치를 직류 전압 측정 때와 마찬가지로 GND에 놓고 0[V] 레벨을 맞춘 후 DC로 전환하여 상승 또는 하강한 파형이 다음 그림과 같다면 교류분의 Vp-p 전압과 직류 전압을 측정할 수 있다.

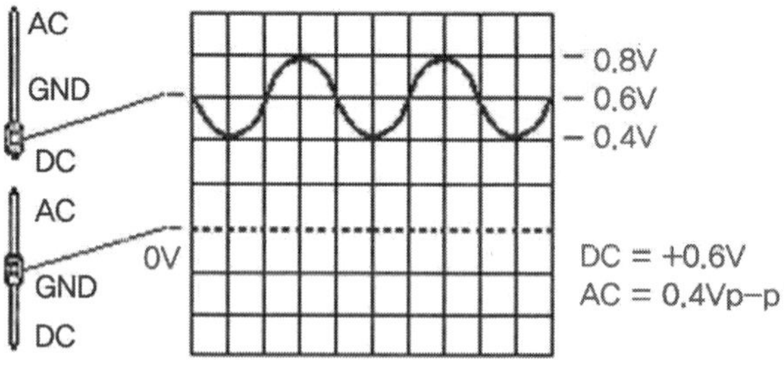

(3) 교류전압 측정

입력 결합 선택기를 AC로 하여 통상 소인이 얻어지도록 각 조정기의 손잡이를 설정한 다음 파형이 측정되기 쉽도록 수직 감쇄기(VOLT/DIV)와 소인 시간 선택기(SWEEP TIME/DIV)의 손잡이를 조정한다.

다음에 수직 위치 조정기(POSITION)로 측정하려고 하는 전압 파형의 한단을 수평 눈금선의 하나에 일치시키고, 측정 파형이 모눈금판에 적당한 크기가 되도록 수직 입력 감쇄기(VOLT/DIV)을 조정한다.

측정 전압은 교류 파형의 최저값과 최고값의 첨두전압으로 나타나므로 $V_{p\text{-}p}$ 기호로 표시하고 다음 식으로 구한다. 이때 VOLT/DIV의 미세조정기(VARIABLE)는 CAL의 상태로 놓는다.

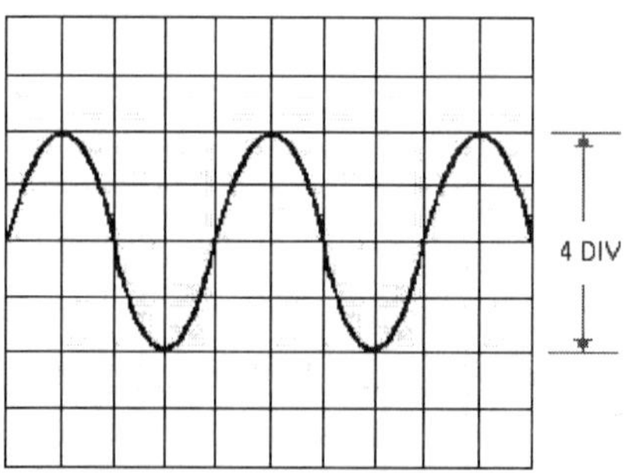

첨두 전압 $V_{p\text{-}p}$ = (VOLT/DIV) x 파형의 높이(DIV)이고 이 값을 실효값으로 나타내면

$$V_{rms} = V_{p\text{-}p} \ / \ 2\sqrt{2}$$

10배의 probe를 사용하여 측정할 경우에는 $V_{p\text{-}p}$ = (VOLT/DIV) x 파형의 높이(DIV) x 10이 된다.

예제)

오실로스코프에서 VOLT/DIV의 다이얼 눈금을 0.05(VOLT/DIV)에 놓고 측정한 파형의 교류전압 첨두값을 실효값으로 나타내면 얼마인가?

풀이)

$V_{p\text{-}p} = 0.05 \times 4 = 0.2\,[V]$, 이 값을 실효값($V_{rms}$)으로 나타내면

$V_{rms} = V_{p\text{-}p} / \sqrt{2} = 0.2 / \sqrt{2} = 0.14\,[V]$이다.

(4) 주기 및 주파수 측정

오실로스코프는 전압을 시간적으로 표시하는 측정기이므로 시간 축이 정확히 교정되어 있어 표시 파형의 시간을 높은 정확도로 측정할 수 있다. 이때 VOLT/DIV와 TIME/DIV의 미세조정기(VARIABLE)는 CAL의 상태로 놓는다.

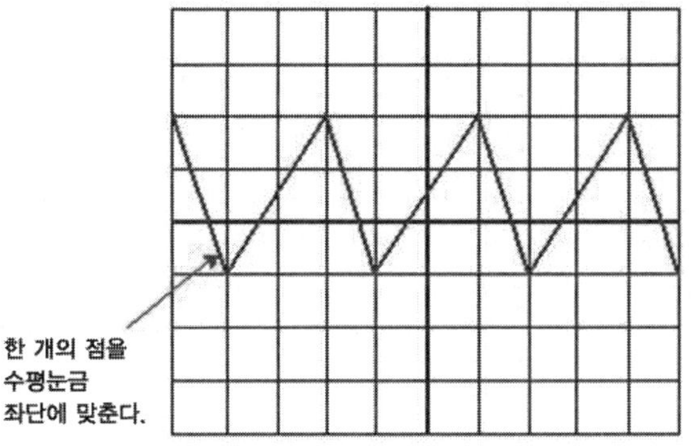

TIME/DIV의 다이얼을 조정하여 모눈금판 상에 적절한 파형이 나오도록 하고 수평위치 조정기(POSITION)의 손잡이를 조절하여 한 개의 점을 수평 눈금 좌단에 위 그림과 같이 맞춘 후 1주기에 대한 DIV(칸 수)를 구하고 여기에 TIME/DIV의 눈금을 곱하면 1주기에 대한 시간이 구해진다.

예제)

오실로스코프에서 TIME/DIV의 레벨이 0.5 [ms/DIV]이고 수평증폭기의 이득을 1배로 놓았을 때 한 주기의 DIV이 3DIV(칸)인 파형이 나타났다면 주기 T [sec]와 주파수는 얼마인가?

풀이)

주기(T) = 1주기의 DIV 수×TIME/DIV×수평 증폭기 이득(MAG)의 역수
= 3 DIV×0.5 [ms/DIV]×1= 1.5 [msec]

따라서 주파수 f [Hz]는 주기의 역수이므로 다음과 같이 구할 수 있다.

$$f = \frac{1}{T} = \frac{1}{1.5\,[\text{msec}]} = \frac{1}{1.5 \times 10^{-3}} \simeq 666\,[\text{Hz}]$$

2.3 DC Power Supply 사용법

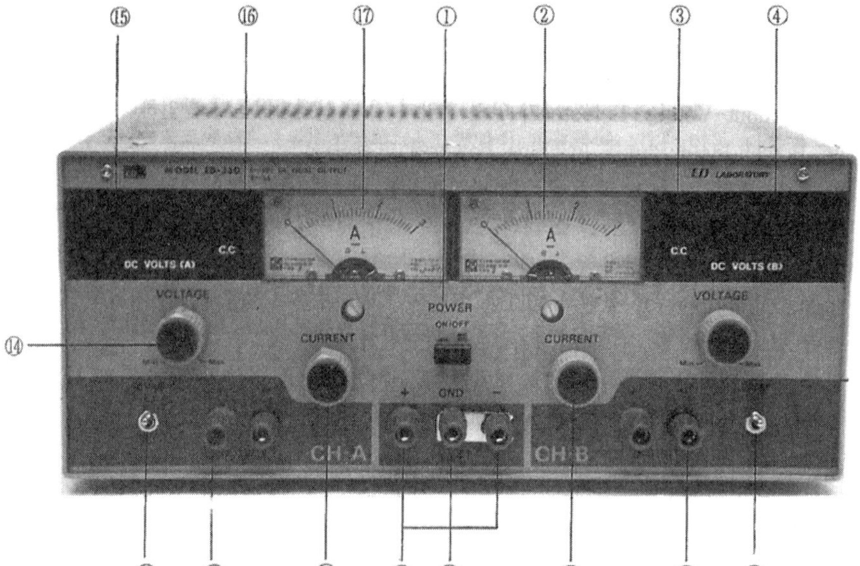

1) 조작부 설명

a. 전원 스위치 : 기기의 전원을 단속하는 스위치.

b. GND 단자 : 샤시 GROUND 단자.

c. - 출력단자 : CH1 (-) 출력단자.

d. + 출력단자 : CH1 (+) 출력단자.

e. - 출력단자 : CH2 (-) 출력단자.

f. + 출력단자 : CH2 (+) 출력단자.

g. DU./PA. 전환 S/W : dual과 parallel 전환 스위치.

h. 전류 LIMIT knob : CH1 전류제한조정 VR.

i. 전압 COARSE knob : CH1 전압 주조정 VR.

j. 전압 FINE knob : CH1 전압 미세조정 VR.

k. 전류 LIMIT knob : CH2 전류제한조정 VR.

l. 전압 COARSE knob : CH2 전압 주조정 VR.

m. 전압 FINE knob : CH2 전압 미세조정 VR.

n. 전압 메타 : CH1 전압 표시 메타.

o. 전류 메타 : CH1 전류 표시 메타.

p. 전압 메타 : CH2 전압 표시 메타.

q. 전류 메타 : CH2 전류 표시 메타.

r. C. V 표시기 : Limiting Voltage 기능으로 작동하고 있음을 표시.

s. C. C 표시기 : Constant Current 기능으로 작동하고 있음을 표시.

2) 동작특성

a. Independent 기능

CH1과 CH2의 0 - 3A, 0 - 30V를 각각 독립적으로 사용할 수 있도록 한 기능으로서 두 채널의 작동 방법은 서로 동일하다.

① 전원 스위치를 OFF 한다.

② 110V/220V AC 전원 선택서의치(기기 뒷면)가 라인의 AC 전원과 같도록 선택한다.

③ DU./PA. 전환 S/W)를 DUAL로 선택한다.

④ 전압 knob을 반시계 방향인 최소로 돌려놓는다.

⑤ 전류 LIMIT knob을 시계 방향인 최대로 돌려놓는다.

⑥ 전원 코드를 AC 라인 전원에 접속시킨다.

⑦ 전원 스위치를 ON한다.

⑧ 전압 knob을 돌려서 전압메타에 사용하고자 하는 전압이 나타나도록 조정한다.

⑨ 부하의 극성에 유의하여 프루브를 출력단자로부터 부하에 접속시킨다.

⑩ 부하의 정격 전류에 맞도록 전류를 제한하고 싶다면, 먼저 전압을 약 5[V]에 맞추고 출력단자를 SHORT시킨 다음, 전류메타를 보면서 원하는 전류만큼 전류 LIMIT knob을 조정한다.

* 사용 시에는 반드시 SHORT를 해제하도록 한다.

** CH1과 CH2는 Independent 기능 선택의 경우 기능면에서 완전히 독립적으로 사용할

수 있으며, 서로 절연되어 있다.

b. Parallel 기능

CH1과 CH2를 병렬로 연결하여 출력전류를 2배, 즉 60A의 전류를 사용할 수 있도록 한 기능으로 동작 순서는 다음과 같다.

① 먼저 a 동작순서의 ①, ②항을 실행한다.

② DU./PA. 전환 SW)를 Parallel로 선택한다.

③ CH1(-) 출력단자와 CH2(-) 출력단자를 연결하고, CH1(+) 출력단자와 CH2(+) 출력단자를 연결한다.

④ CH1과 CH2의 전압 knob과 전류 LIMIT knob을 시계 방향인 최대로 한다. CH1, CH2 중에서 임의로 한 채널을 선택하여 주 Channel(여기서는 CH1을 선택한 것으로 함)로 하고 주 채널의 전압 knob를 반시계방향인 최소로 한다.

⑤ a의 동작순서의 ⑥, ⑦항을 실행한다.

⑥ 주 Channel의 전압 knob을 돌려서 전압 메타상에 사용하고자 하는 전압이 나타나도록 조정한다.

⑦ 부하의 극성에 유의하여 주채널의 출력단자에서 프루브로 부하에 접속시킨다.

⑧ 부하의 정격전류에 맞도록 전류를 제한하려 한다면 먼저 주채널의 전압 knob을 조정하여 약 5 [V]에 맞추고 주 출력단자를 SHORT시키고 나서 CH1과 CH2의 전류메타에 나타나는 값의 합이 제한하고자 하는 전류가 되도록 주Channel의 전류 LIMIT knob로 맞춘다. 사용 시에는 반드시 SHORT를 해제하도록 한다.

⑨ 출력 접지단자는 부하의 극성(양 또는 음의 극성)에 맞도록 접지시킨다.

c. Serial 기능

CH1과 CH2를 직렬로 연결하여 전압을 2배, 즉 60 [V]의 전압을 사용할 수 있도록 한 기능으로, 작동 순서는 다음과 같다.

① 먼저 a 동작순서의 ①, ②항을 실행한다.

② DU./PA. 전환 S/W를 DUAL로 선택한다.

③ CH1 (+) 출력단자와 CH2 (-) 출력단자를 연결한다.

④ a 동작순서의 ④, ⑦항을 실행한다.

⑤ CH1과 CH2의 전압메타에 나타나는 값의 합이 원하는 전압이 되도록 두 Chl의 전압 knob을 조정하여 맞춘다.

⑥ 부하의 극성에 유의하여 CH1의 (-) 출력단자와 CH2의 (+) 출력단자를 프로브로 부하에 접속시킨다.

⑦ 만약 직렬출력으로 사용할 때 전류를 제한하고자 한다면, CH1의 전압 knob를 약 5 [V]

조정하고 CH1의 출력단자를 SHORT시킨 후에 전류메타를 보면서 CH1의 전류 LIMIT knob을 조정하여 원하는 전류값으로 맞춘다.

* 사용 시에는 반드시 short를 해제하도록 한다.

d. Dual 기능

CH1과 CH2를 동시에 접지하여 +30 [V](양의 전압)과 -30 [V](음의 전압)을 사용할 수 있도록 한 기능으로, 동작순서는 다음과 같다.

① 먼저 a 동작순서의 ①, ②항을 실행한다.

② DU./PA. 전환 S/W(7)를 Dual로 선택한다.

③ Short Bar로 출력 GND단자와 CH1의 (+) 출력단자(4) 및 CH2의 (-) 출력단자를 동시에 short시키고, CH1에서 0 ~ -30 [V]인 음의 전압을 CH2에서 0 ~ +30V인 양의 전압을 부하에 접속하여 사용할 수 있다.

④ 만약 +, - 양 전원으로 사용할 때 전류를 제한하고자 한다면, Ch1의 전압 knob을 약 5 [V]로 조정하고 CH1의 출력단자를 short시킨 후에 전류메타를 보면서 채널1의 전류 LIMIT knob을 조정하여 원하는 전류값으로 맞춘다. 채널 2의 경우도 동일한 방법으로 채널 2의 전류 제한값을 조정하면 된다. 사용 시에는 반드시 SHORT를 해제하도록 한다.

3장 NE555

NE555 IC는 실기 회로를 볼 때 가장 많이 사용되고 가장 중요한 역할을 하는 IC이다.

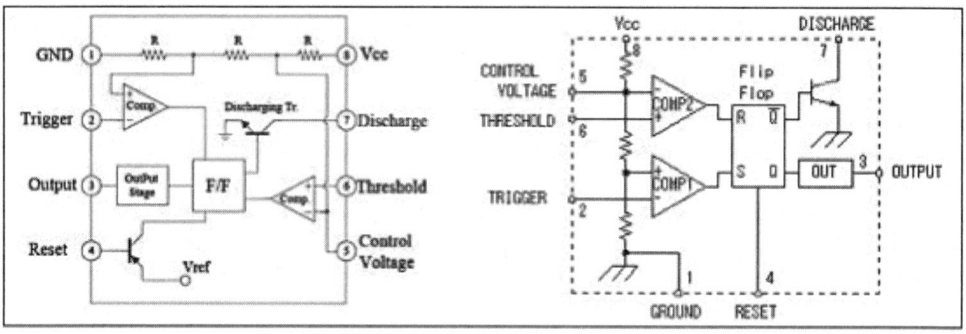

NE555 내부 블록 다이어그램

* NE555 IC가 비안정멀티바이브레이터로 사용되는 예

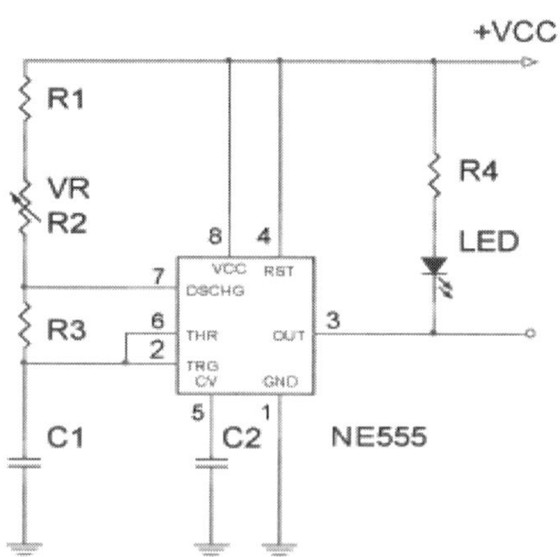

* 비안정멀티바이브레이터의 출력파형

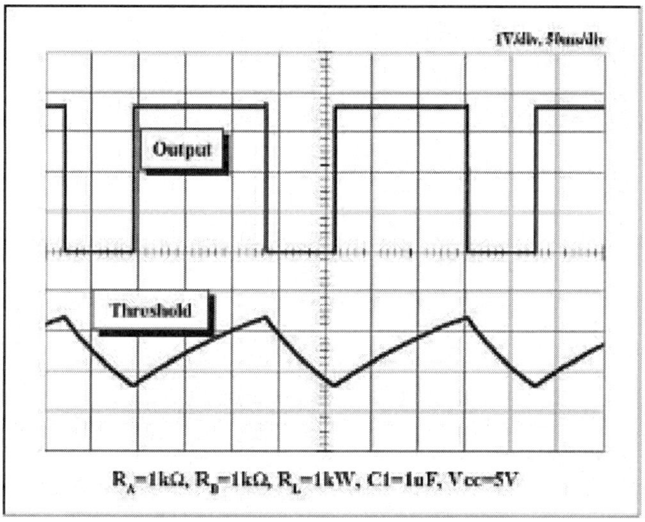

4장 OP-AMP

OP-AMP는 다양한 선형 함수를 수행할 수 있는 기본적 선형 집적회로이다. 이 아날로그 집적회로는 소형으로 되어 있고 고신뢰도를 가지며 값이 저렴하고 온도보상도 잘 되어 있어서 여러 가지 아날로그 시스템을 구성하는 기본 소자로서 널리 사용된다.

4.1 OP-AMP의 외관

① Dip Type ② Metal Can Type ③ Sop Type

4.2 핀 구조

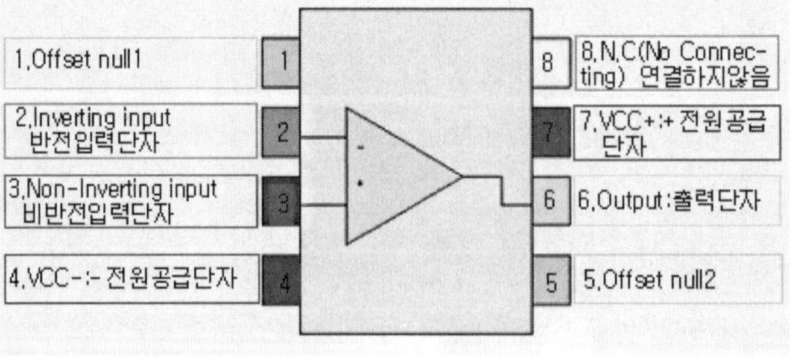

4.3 이상적인 OP AMP

OP AMP(Operational Amplifier)는 아날로그 계산기의 기본적인 연산소자로서 아날로그량의 가감산, 적분, 미분 등 각종 연산을 하기 위한 고급 증폭기이며, 이상적인 OP AMP는 다음의 특성을 가져야 한다.

① 개방루프 이득, AOL : ∞

실제로는 10,000 ~ 20,000배 정도이다.

② 입력저항, RIN : ∞

입력저항이 무한대라는 것은 연산증폭기 앞단에 연결할 수 있는 회로 수가 많아짐을 의미한다.

③ 출력저항, ROUT : 0

출력저항이 0이라는 것은 연산증폭기 뒷단에 연결할 수 있는 회로 수(fan out)가 많아짐을 의미한다.

④ 대역폭, BW : ∞

대역폭이 ∞라는 의미는 연산증폭기의 입력단자에 입력될 수 있는 전압의 주파수에 관계없이(어떤 주파수의 신호가 입력되어도) 동일하게 동작함을 뜻한다.

⑤ 입력오프셋전압 : 0

출력전압을 '0'으로 만들기 위해 입력단자에 가해지는 전압

⑥ 입력바이어스전류 : 0

두 입력단자에 흘러들어가는 전류의 평균치

4.4 전원 접속법

전원접속에는 단일전원 방식과 2전원 방식이 있다. 그림 4.1은 단일전원방식으로, -V 단자를 어스시키면 출력전압을 '+'전압이 나오며, 전원전압 +E에서 흡수전압을 뺀 전압이 나타나고, 교류출력만 필요로 할 때 결합 콘덴서로 직류분을 차단하는 데 사용한다.

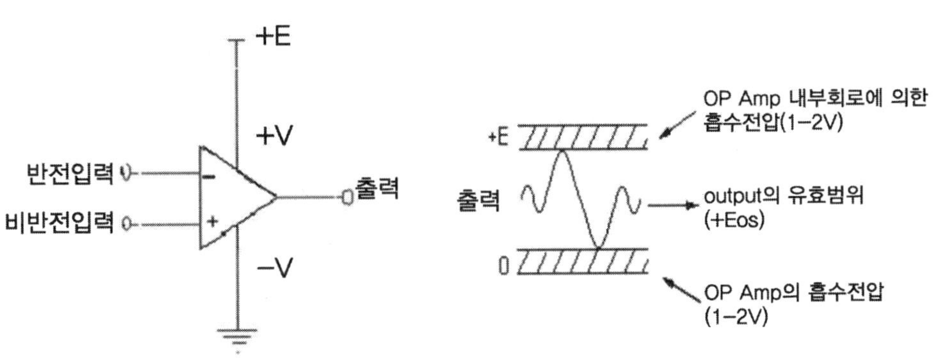

그림 4.1 단일전원방식

그림 4.2는 2전원 방식으로 +V 단자에 +E와 -V 단자에 -E의 전원을 공급하면, 출력전압은 흡수전압을 뺀 ±Eos가 출력된다. 직류회로에서 고주파회로 등 응용범위가 넓으며, ±E의 전원 전압이 달라도 된다.

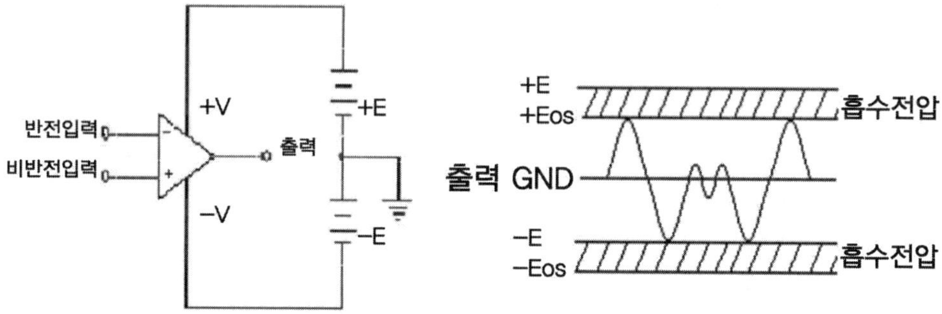

그림 4.2 2전원방식

4.5 부궤환에 의한 선형증폭기 회로

OP AMP는 궤환방법에 따라 크게 3가지로 분류할 수 있으며, 부궤환인 경우는 증폭기, 정궤환인 경우는 발진기, 무궤환인 경우는 비교기이다. 이 장에서는 부궤환에 의한 증폭기에 대하여 고찰하여 보자.

1) 전압 플로워

그림 4.3은 전압 플로워의 회로이며, G=1로 e_0와 e_i의 크기가 같으므로, e_0=e_i이며, 임피던스가 ∞ 로 전원전압의 영향을 받지 않고, 출력 임피던스가 매우 낮아 출력에 큰 전류를 흘려도 e_0의 변화는 없다. 이 회로는 전압으로 전류를 흘리고 싶을 때 버퍼(buffer)회로에 적합하다.

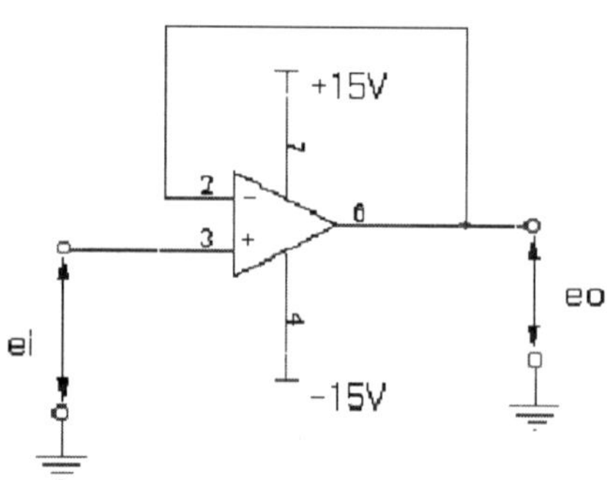

그림 4.3 전압 플로워

2) 반전 증폭기

그림 4.4는 반전 증폭기이며, 차동입력의 차이는 있으나 Z_{in}이 수 [kΩ] ~ 1010 [Ω]이고, 차동전류는 10-12 [A]의 미소전류가 흐르므로 '-' 입력 단자(2번)는 어스에 대하여 전위가 낮아 가상 접지점이라 한다. A점이 가상접지이므로 입력전류는 $i_1 = \frac{e_i}{R_1}$로 궤환저항 R_2에 흐르는 전류를 i_2라 하면 $i_1 = -i_2$가 되어 출력전압 e_0는

$$e_o = i_2 R_2 = -i_1 R_2 = -\frac{e_1}{R_1} R_2 = -\frac{R_2}{R_1} e_i$$

가 되며, 증폭도 G는 다음과 같다.

$$G = \frac{e_o}{e_i} = -\frac{R_2}{R_1}$$

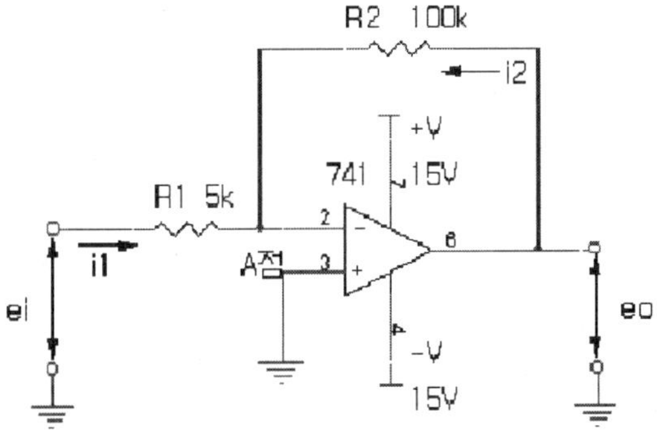

그림 4.4 반전 증폭기

3) 비반전 증폭기

그림 4.5는 비반전 증폭기이며, Z_{in}이 크기 때문에 i_1과 i_2의 전류는 '0'이다. 그러므로 e_0에 의하여 R_1에 전압강하가 생기고, 전압강하 V_{R1}은 $V_{R1} = iR_1$이며, $V_{R1} = e_i$이므로 출력전압 e_0는 $e_0 = i(R_1 + R_2)$이므로, 이득은

$$A_v = \frac{e_0}{e_i} = \frac{i(R_1 + R_2)}{iR_1} = \frac{R_1 + R_2}{R_1} = \left(1 + \frac{R_2}{R_1}\right)$$

$$\therefore e_0 = \left(1 + \frac{R_2}{R_1}\right) e_i$$

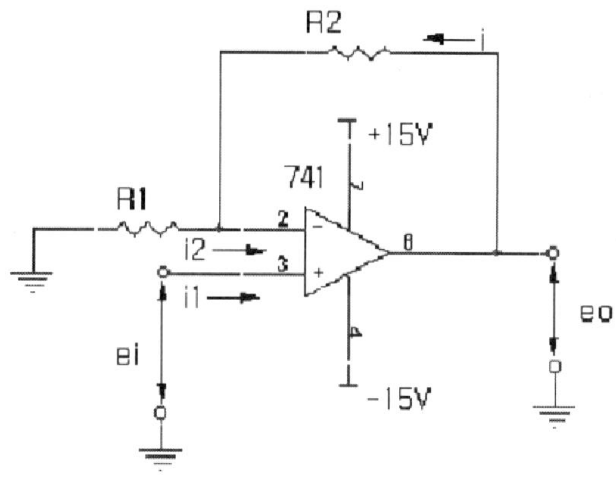

그림 4.5 비반전 증폭기

4) 가산증폭기

(1) 반전 가산회로

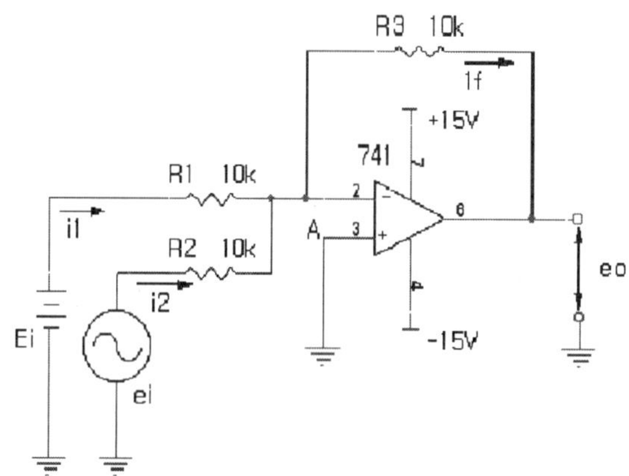

그림 4.6 반전 가산회로

그림 4.6은 반전 가산회로이며, A점은 가상 접지점으로 전위는 0 [V]이고 $i_1 + i_2 = i_f$이므로 R3에 의하여 부궤환이 되고 e_0=$-i_f R_3$가 되어

$$e_0 = -(i_1 + i_2)R_3 = -\left(\frac{R_3}{R_1}E_i + \frac{R_3}{R_2}e_i\right)$$

이며, $R_1 = R_2 = R_3$이면 $e_0 = -(E_i + e_i)$가 되어 가산기로 동작한다.

(2) 비반전 가산회로

그림 4.7은 비반전 가산회로이다. 전원이 2개이므로 중첩의 원리를 이용하면 $e_{i1}=0$일 때 비반전 단자의 전위는 $\dfrac{R_1}{R_1+R_2}e_{i2}$이고, $e_{i2}=0$일 때 비반전 단자의 전위는 $\dfrac{R_1}{R_1+R_2}e_{i1}$이므로

$$e_0 = \left(1+\frac{R_4}{R_3}\right)\left(\frac{R_2}{R_1+R_2}e_{i1}+\frac{R_1}{R_1+R_2}e_{i2}\right)$$

만약 $R_1=R_2=R_3=R_4$이면, $e_0 = e_{i1}+e_{i2}$

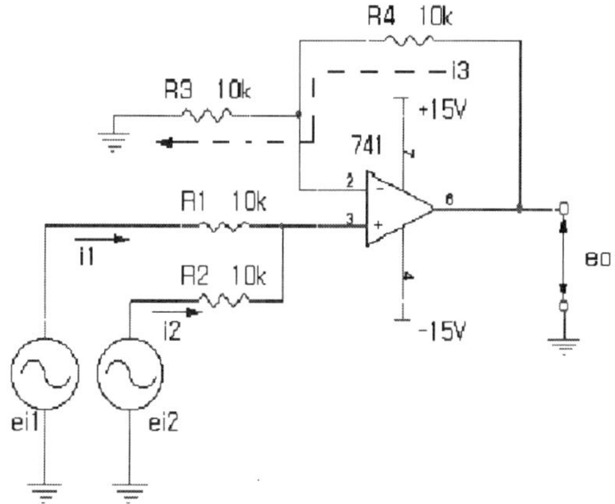

그림 4.7 비반전 가산회로

5) 미분기

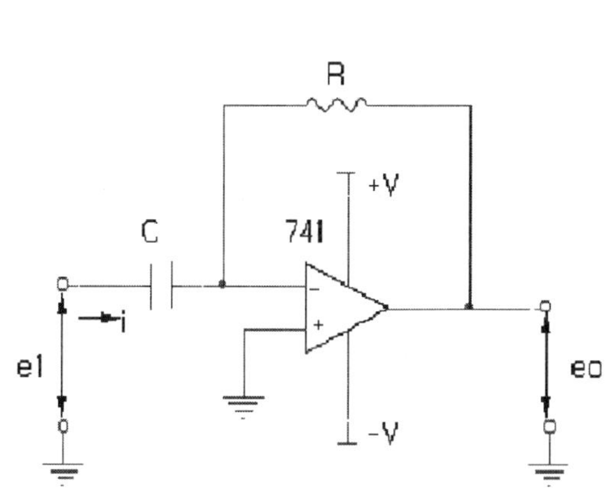

그림 4.8 미분회로

그림 4.8은 미분회로이며, 이 회로는 좁은 트리거 펄스를 얻는 데 사용한다. 출력전압 e_0는 과도특성으로부터 $i = C\frac{d(e_i)}{dt}$ 이므로

$$e_0 = - Ri = - RC\frac{d(e_i)}{dt}$$

6) 적분기

그림 4.9는 적분회로로서 시간에 비례하는 전압, 전류파형, 즉 톱니파 신호발생 및 신호를 지연하는 데 사용된다. 출력전압 e_0는 과도특성으로부터 $V_C = \frac{1}{C}\int idt$, $i = \frac{e_i}{R}$, $e_0 = - V_0$ 이므로

$$e_0 = - \frac{1}{C}\int \frac{e_i}{R}dt = - \frac{1}{RC}\int e_i dt$$

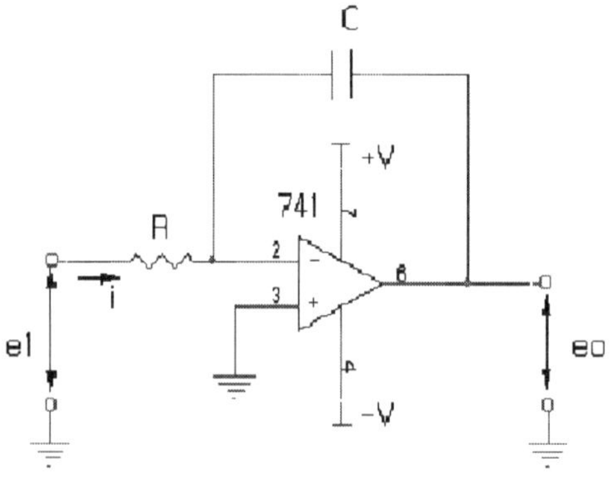

그림 4.9 적분회로

4.6 무궤환에 의한 비교기와 정밀급 반전, 전파 정류회로

1) 비교기(comparator)

그림 4.10은 비교기 회로이다. 반전단자(-)와 비반전단자(+)의 전압을 비교하여, 반전 단자의 전압이 비반전단자의 전압보다 조금이라도 높으면, 출력전압은 OP AMP의 전원전압(±V)에서 흡수전압을 뺀 전압 $-E_{os}$가 되고, 조금이라도 낮으면 $+E_{os}$가 된다.

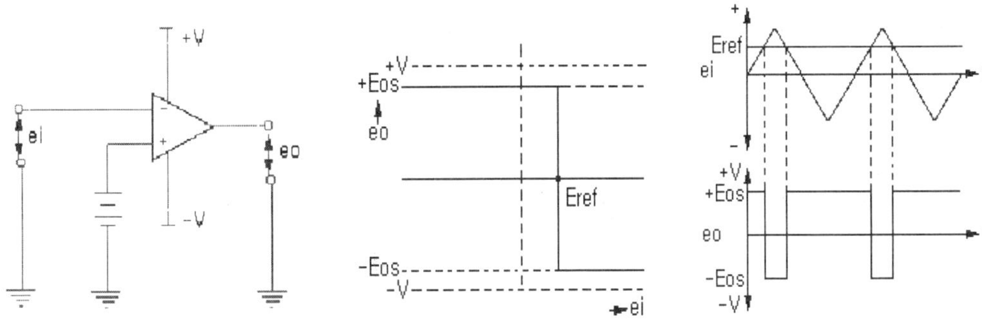

그림 4.10 비교기 회로

$e_o > E_{ref}$이면 e_o는 $-E_{os}$가 되고, $e_i < E_{ref}$이면 e_o는 $+E_{os}$가 된다. 즉, E_{ref}를 $+E_{os}$와 $-E_{os}$로 변환하는 경계 레벨이라 하고, $e_i = E_{ref}$이면 출력은 '0'이다.

2) 정밀급 반파·전파 정류회로

그림 4.11은 반파 · 전파 정류회로이며, e_i가 (+)반파라면 A1의 출력은 D1의 순방향으로 부궤환이 걸려 6번에서는 -0.6 [V]의 전압으로, A점은 D2가 역방향으로 되어 0 [V]가 된다.

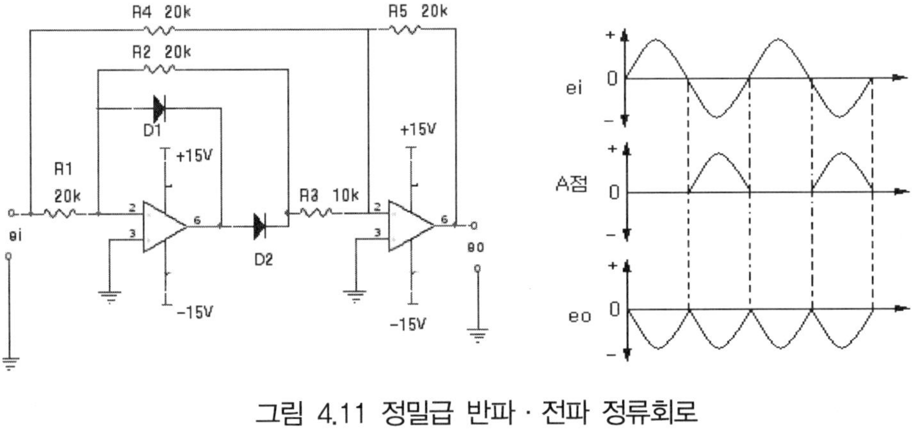

그림 4.11 정밀급 반파 · 전파 정류회로

즉, A점이 '0'이면, R4를 경유하여 $e_0 = -\frac{R_5}{R_4}e_i$로 G가 -1배로 증폭하여 e_o는 (-)로 반전되어 나온다. e_i가 (-)반파라면 D1의 역방향으로 A1의 6번에서는 +0.6 [V]가 되어 e_i가 D2의 순방향 전압강하분 +0.6 [V] 이상에서 D2가 도통하여 R2의 경우 (-)입력 단자(2번)에 부궤환이 되어서 A출력은 $e_o = -\frac{R_2}{R_1}e_i$로 A1의 증폭도 G = -1배로 입력 e_i를 반전시킨 파형이 되고, 출력 e_o는 e_a를 $-\frac{R_5}{R_4}$

배한 파형과 A점의 전압을 $-\frac{R_5}{R_4}$배한 파형을 더한 파형이 된다.

4.7 정궤환에 의한 발진회로

1) 윈브리지형 발진기

그림 4.12는 윈브리지 발진기의 기본회로이며, 그림 (b)에서 궤환인자 β는

$$\beta = \frac{v_i}{v_o} = \frac{\dfrac{\dfrac{R_3}{jwC}}{R_3 + \dfrac{1}{jwC_1}}}{R_4 + \dfrac{1}{jwC_2} + \dfrac{\dfrac{R_3}{jwC_1}}{R_3 + \dfrac{1}{jwC_1}}}$$

$$= \frac{1}{\left(1 + \dfrac{R_4}{R_3} + \dfrac{C_1}{C_2}\right) + j\left(wR_4C_1 - \dfrac{1}{wR_3C_2}\right)}$$

이 되고, 위상편이가 180°의 요건을 만족시키기 위해서는 허수항이 '0'이어야 하므로, 공진주파수 f_o는 $f_o = \frac{1}{2\pi\sqrt{R_3R_4C_1C_2}}$이며, 발진주파수가 만족될 때 전압증폭도 Av는

$$A_v = \frac{V_o}{V_i} = 1 + \frac{R_4}{R_3} + \frac{C_1}{C_2}$$

가 되므로, $R_3 = R_4 = R$, $C_1 = C_2 = C$라면, $A_v = 3$에서 발진이 계속된다.

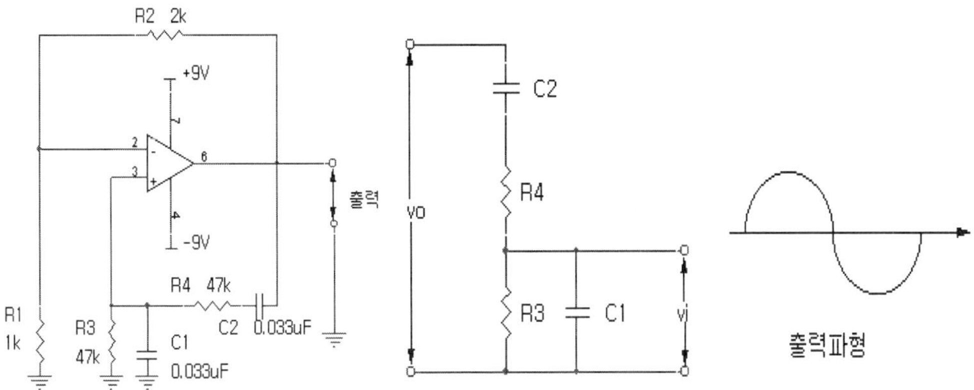

(a) (b)

그림 4.12 원브리지형 발진기

그림 (a)에서 OP AMP의 (+)입력단자에 C·R에 의한 브리지를 경유하여 출력이 가해져 C1 = C2, R3 = R4로 하면 f_o에 대해 출력은 1/3의 전압이 (+) 입력단자에 가해지고, (-) 입력단자측의 R1과 R2의 조합을 G = 3이 되게 하면, (+) 입력단자의 3배로 동작하는 비반전 증폭기로 동작한다. 즉, 전체 증폭도 G' = 1일 때 안정된 발진이 되므로 발진조건은

$$\frac{R_1 + R_2}{R_1} = 3$$

이 되기 때문에 $R_2 = 2R_1$이 된다.

2) 슈미트 트리거(Schumitt trigger) 회로

그림 4.13은 슈미트 트리거 회로이다. 비교기의 일종으로 (-)입력단자 전압과 (+)입력단자의 전압을 비교하여 출력 e_o는 $+E_{os}$ 또는 $-E_{os}$가 되고, 출력단자가 R1과 R2를 경유하여 분할된 전압 E_{R2}는 $E_{R2} = \pm \frac{R_2}{R_1 + R_2} \times E_{os}$이다.

만약 (-)단자가 (+)에 비해 낮으면 출력 e_o는 $+E_{os}$ [V]이므로 (+)입력단자의 전압은 $+E_{R2}$가 된다. e_i가 점차 증가하여 E_{R2}보다 약간 넘으면 e_o는 곧 $-E_{os}$ [V]로 반전되므로 (+) 입력단자의 전압이 $-E_{R2}$가 되어 e_i가 증가해도 e_o는 변하지 않는다. e_i가 점차 감소하여 e_o가 $-E_{R2}$보다 낮게 되면 e_o는 다시 $+E_{os}$ [V]로 반전된다.

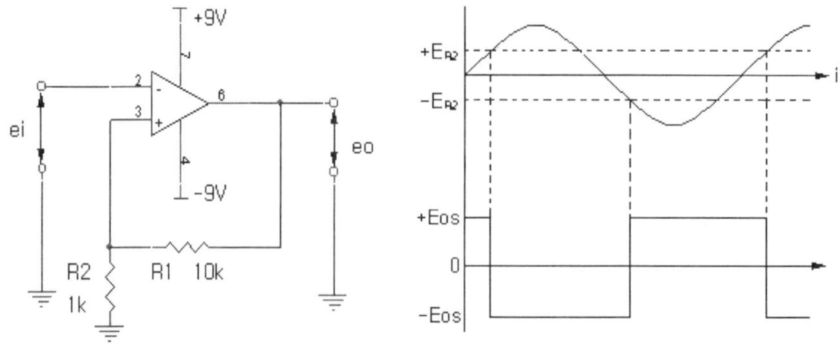

그림 4.13 슈미트 트리거 회로

3) 비안정 멀티바이브레이터 회로(astable multivibrator)

그림 4.14는 비안정 멀티바이브레이터 회로이다. e_o는 R2와 R3를 경유하여 (+)입력단자에 궤환되므로 슈미트 트리거 회로의 변형으로 C에 전압이 걸리지 않았으면 e_c의 전압은 '0'이고, 출력이 $+E_{os}$라면 E_{R3}는 $E_{R3} = \dfrac{R_3}{R_2 + R_3} \times E_{os}$ 이다.

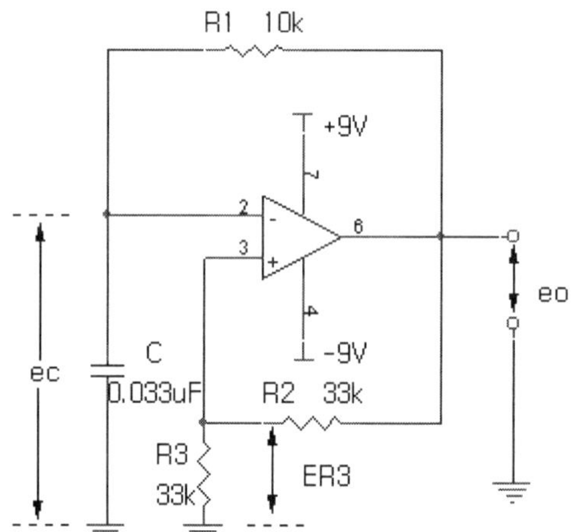

그림 4.14 비안정 멀티바이브레이터 회로

e_c는 '0'이므로 $e_c < E_{R3}$인 경우, 출력 e_o는 $+E_{os}$ [V]이고, $+E_{os}$ [V]는 R1을 경유하여 e_c를 충전하여 점차 (+)측으로 상승하고, 충전이 진행되어 $e_c > E_{R3}$로 되는 순간 e_o는 $-E_{os}$ [V]로 반전하여 (+)단자의 전압은 $-E_{R3}$로 되고, $e_c > -E_{R3}$인 경우, e_o는 $-E_{os}$로 안정되나 C가 R1을 경유 (-)방향으로 충전(방전상태)을 시작하여 $+E_{R3}$와 거의 같은 전압이었던 e_c가 점차 감소하여 $-E_{R3}$보다 작게 되면 e_o는 다시 $+E_{R3}$로 되어, C가 다시 (+)방향으로 충전하여 $-e_c \rightarrow 0 \rightarrow +e_c$로 e_c가 점차 상승하여 최초로 돌아가 E_o는 정기적으로 왕복하는 구형파를

얻는다.

R2와 R3를 고정하고 R1이나 C를 변화시켜 듀티 비(duty ratio)를 바꿀 수 있다. 즉, R1이나 C값을 크게 하면 주기는 길어진다. 또한 R1, C, R3를 일정히 하고 R2를 크게 하면 주기는 짧아지고, R1, C, R2를 일정히 하고 R3를 크게 하면 주기는 길어진다.

4) 구형파, 삼각파 발진회로

그림 4.15는 슈미트 트리거 회로와 밀러의 적분회로를 조합시켜서 구형파와 삼각파를 동시에 얻을 수 있는 발진회로이다.

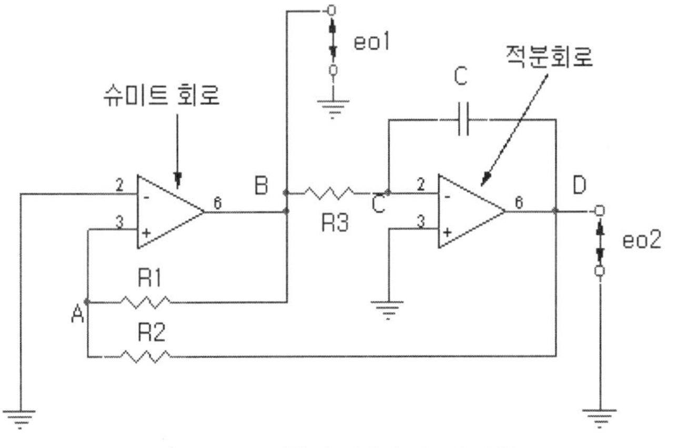

그림 4.15 구형파, 삼각파 발진회로

5장 통신시스템의 기초

5.1 통신시스템의 정의

일반적으로 시스템이라 하면 여러 부품과 기능요소들이 조합되어 서로 유기적인 관계를 이루며 동작하는 개체를 말한다.

1) 통신시스템의 기본구조

통신시스템의 가장 기본적인 블록을 보면 다음과 같다.

그림 5.1 기본적인 통신시스템 블록도

- 원천신호 : 음성이나 영상, 데이터 등 전송을 원하는 실제의 신호를 의미한다. 기본적으로 아날로그 신호와 디지털 신호로 나누어지며, 원천신호의 성질에 따라서 여러 가지 변조방법이 적용된다.
- 변조기 : 송신단의 핵심으로서, 종류에 따라 변조기 역시 세부적인 여러 블록으로 분류된다. 변조를 하는 주요한 목적은 원천신호를 잡음에 강하면서도 멀리 보낼 수 있도록 변형시켜서 보내기 위함이며, 기계적으로는 안테나의 크기를 줄이기 위해서이다. 이에 따라 FM, AM, PCM 등의 여러 가지 변조방식이 존재한다.
- 채널 : 유선/무선에서 출력단자 혹은 안테나를 떠난 신호가 또다른 입력단자/안테나에 도달하는 전송로를 의미한다. 유선통신의 경우에는 케이블을 의미하고 무선통신의 경우라면 공기중을 의미하게 된다.
- 복조기 : 변조기의 정반대 개념으로 수신신호로부터 원천신호를 추출해내는 것이 목적이다.

변조기와 마찬가지로 종류에 따라 내부적으로 여러 단위의 블록으로 분류된다.

- 수신신호 : 시뮬레이션의 마지막 단계에서는 최종적으로 이러한 복잡한 시스템을 거쳐서 수신된 신호가 원천신호와 얼마나 유사한가를 평가해야 한다.

2) 신호의 표현

① 신호와 domain

IEEE에서 정의한 신호의 의미는 다음과 같다.

- 신호(Signal) : 통신 시스템을 통해서 전달되는 지식, 정보 또는 효과를 말하며, 하나의 신호는 기본적으로 두 가지 domain에서 관찰할 수 있다. 첫째로 시간영역(Time domain)에서는 시간이 흘러가면서 변하는 전압/전류 등의 신호의 특성을 볼 수 있으며, 둘째로 주파수 영역(Frequency domain)에서는 그 신호가 가진 주파수 성분들의 분포를 볼 수 있다.

② real 신호와 complex 신호

일반적으로 신호는 수학적인 계산특성에 따라 real 신호와 real/imaginary가 동시에 존재하는 complex 신호로 분류된다.

Real Signal : $\cos \omega t$

Complex Signal : $\cos \omega t + j \sin \omega t$

5.2 Filter(여파기)

통신 시스템에서 원하는 주파수만 선택하는 기능을 하는 필터는 매우 중요한 역할을 한다. 필터를 분류하는 데는 크게 다음과 같은 두 가지의 분류기준으로 나누어지며, 각 분류기준에 따른 필터의 종류와 특성은 다음과 같다.

① 통과대역에 따른 분류

통과시키는 주파수 대역에 따라 그림과 같이 대표적으로 4가지로 분류할 수 있다. 이중에서 특정 대역을 통과시키는 BPF와 고조파(harmonic) 성분을 걸러내는 LPF가 가장 많이 쓰인다.

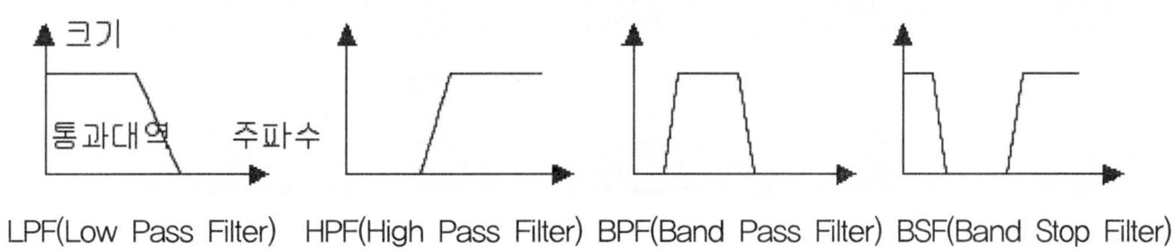

그림 5.2 통과대역에 따른 분류

② 리플 존재와 스커트 특성에 따른 분류

a. 버터워스 필터 : 통과대역 내에서 리플이 없다.

b. 체비세프필터 : 통과대역 내에서 리플이 있다.

c. 베셀필터 : 통과대역 내에서 리플이 없다. 버터워스 필터보다 스커트 특성이 완만하다.

5.3 양자화(Quantization)

아날로그 신호를 디지털 신호로 바꾸는 과정을 간단하게 A/D 변환(Analog/Digital)이라고 부른다. 이러한 A/D 변환 과정의 핵심은 연속적인 신호를 일정한 시간단위로 나누고 각 시간 단위에서의 신호의 크기 또한 정해진 단계만큼 계단화시키는 것이다. 바로 이렇게 sampling된 신호의 크기들을 discrete하게 단계화하는 과정을 양자화라고 부른다.

이렇듯 연속적인 신호를 단계화하면서 어느 정도 오차가 발생하는데, 이러한 원신호와 양자화 신호와의 오차를 양자화 오차(Quantization error)라고 한다. 원신호의 왜곡을 막기 위해서는 신호의 성실과 상태에 따라서 양자화하는 디지털 level의 수를 조절함으로써 적절한 수준의 양자화 에러를 유지해야 한다.

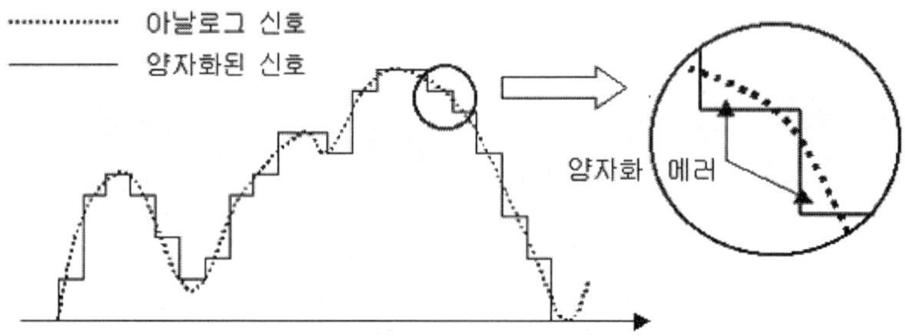

그림 5.3 아날로그 신호의 양자화

5.4 아날로그변조

1) AM

진폭변조(AM)는 여러 분야의 통신에 광범위하게 사용된다. 아래 그림에서 보듯이, AM은 저주파의 신호파형이 변화하는 양을 고주파수의 반송파(carrier)에 실어 보낸다.

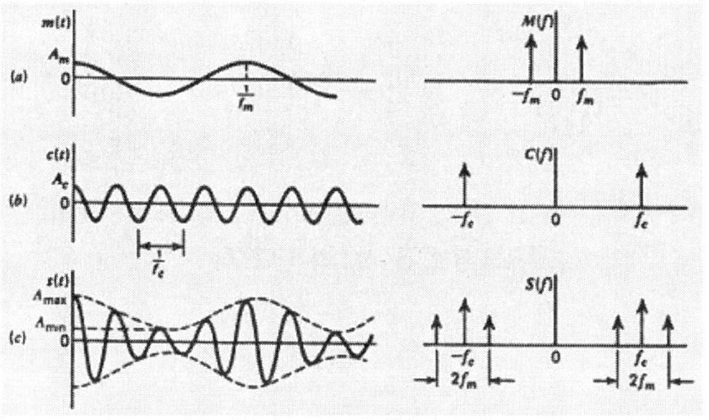

(a) 신호파형 (b) 반송파파형 (c) 변조된 파형

그림 5.4 AM변조

2) DSB-AM

일반적인 진폭변조의 경우, 앞의 그림의 주파수 분포도에서 알 수 있듯이 신호파형이 원점을 중심으로 음과 양의 주파수로 나누어져 있다. 그래서 높은 주파수에 변조시키면 (c)의 주파수 분포도와 같이 반송파 주파수를 기준으로 양쪽에 주파수 성분을 가지게 된다. 이러한 일반적인 AM 변조방식을 DSB(Double Side Band)-AM이라고 한다. 그 중에서 변조지수를 높이고 반송파의 전력을 억제하여 효율을 증가시킨 것을 DSB-SC(DSB-Suppressed carrier)라고 한다.

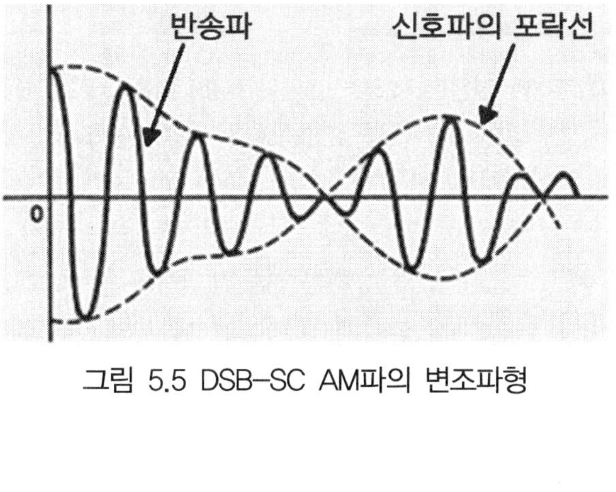

그림 5.5 DSB-SC AM파의 변조파형

3) 변조지수

변조지수 m은 변조의 정도나 효율을 나타내는 지수로서 변조지수에 따른 AM 변조파형의 변화를 그림에 나타내었다. 변조지수는 신호파와 반송파의 전압변화의 관계가 잘 융화되어 m = 1보다 약간 작은 것이 효율적이다.

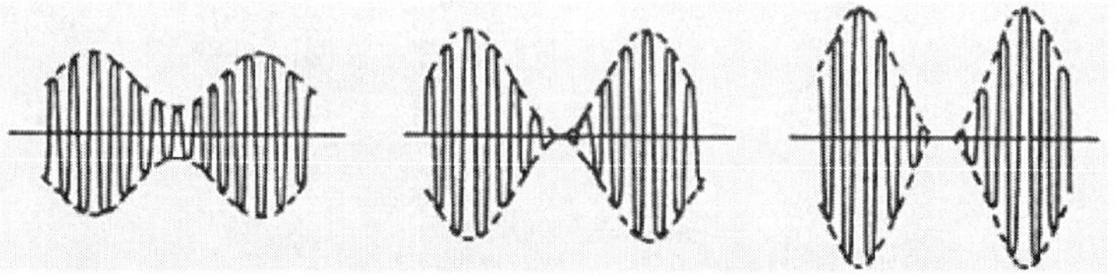

(a) m = 0.5　(b) m = 1　(c) m 〉 1

그림 5.6 AM의 변조지수

4) SSB-AM

① SSB(Single Side Band)

일반적인 AM 변조의 경우 대역폭이 W인 신호파가 변조되면 2W로 대역폭이 늘어나게 된다. 이것은 원래 신호 파형이 가지고 있던 음의 주파수 성분, 즉 허수성분이 주파수 대역을 이동하면서 따라갔기 때문이다. 이러한 DSB 변조방식의 경우 주파수효율이 나쁘기 때문에 어느 한쪽 주파수 대역을 잘라낸 AM 변조방법이 바로 SSB(Single Side Band) AM이다. 신호 주파수는 0점을 기준으로 서로 반대된 거울 같은 영상이기 때문에, 한쪽만 있어도 모든 정보가 전송이 가능하므로 상측파대 혹은 하측파대를 필터로 제거하여 전송하게 된다.

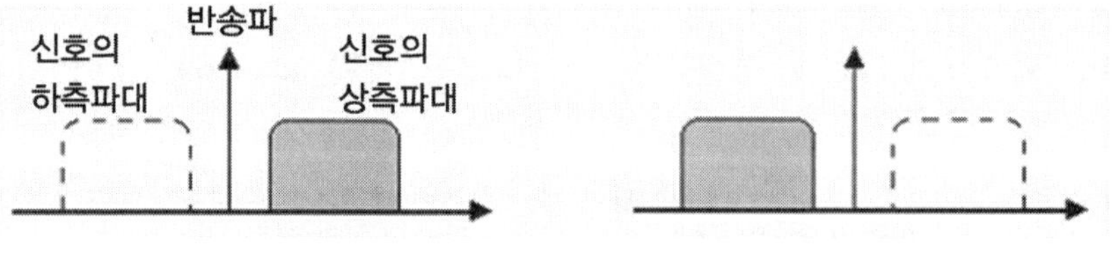

(a) 상측파대만 이용한 SSB　(b) 하측파대만 이용한 SSB

그림 5.7 SSB 변조신호의 주파수분포

② SSB의 종류

SSB는 하측파대를 제거하느냐 또는 상측파대를 제거하느냐는 그 성능 차이가 미미하기 때문에 대역 환경에 따라 사용자가 알아서 선택하면 되지만, 반송파부분을 제거하느냐 안 하느냐에 따라서 3가지의 SSB 방식이 존재한다.

a. 억압반송파 SSB : 반송파를 측파대 최대전력의 1/10,000 이하로 억압하여 전송한다.

b. 저감반송파 SSB : 반송파를 측파대 최대전력의 1/100 이하로 저감시켜 전송한다.
c. 전반송파 SSB : 반송파를 전부 전송한다.

③ SSB의 장단점

SSB가 DSB에 비해 가진 장점과 단점은 다음과 같다.

a. 장점
- 주파수 이용효율이 높아진다.
- 적은 전력으로도 양질의 통신이 가능하다.
- 대역폭이 작아서 잡음의 영향이 줄어들어 SNR이 좋아진다.
- 전력효율이 좋다.
- 변조전력이 작아서 소형화가 쉽다.

b. 단점
- 회로구성이 복잡해진다.
- 다단변조를 하게 되어 가격이 비싸진다.
- 복조기에 국부 발진기가 추가로 필요해진다.
- 동기가 잘 맞지 않으면 왜곡이 심해진다.

5.5 주파수변조(Frequency Modulation : FM)

1) FM

AM과 더불어 널리 사용되는 변조방법으로서, 신호파의 크기변화를 반송파의 주파수 변화에 담아서 보내는 방법이다. AM이 주파수는 고정되고 진폭이 변화한 반면, FM은 주파수가 변하는 대신 진폭은 항상 같은 값으로 유지된다. 다음 그림에서 보듯이 신호파형의 전압이 높을수록 주파수가 높아져서 파장이 조밀해지고, 그 반대로 전압이 낮을 때는 주파수가 낮아져서 파장이 넓어지게 된다.

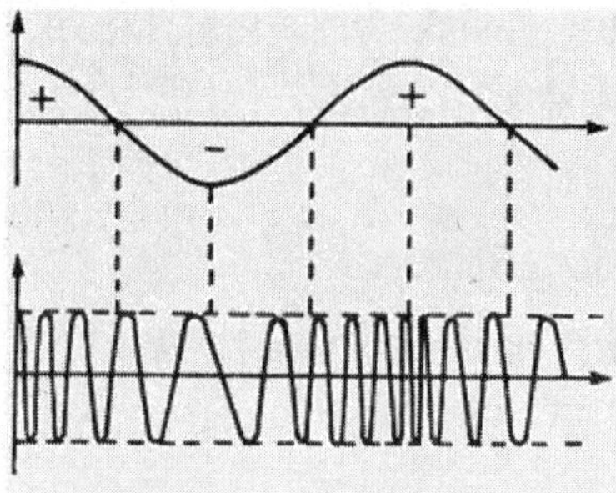

그림 5.8 FM 변조의 원리

2) 변조지수

FM에서의 변조지수는 다음과 같은 식에 의해 결정된다.

$$\beta = \frac{\text{최대 주파수편이}}{\text{신호의 주파수}}$$

이론상 FM통신을 위해서는 무한대의 주파수대역이 필요하지만, 값을 기초로 하여 주요한 주파수 대역만을 선택하여 골라낼 수 있다. 값이 높아질수록 변조율은 높아지겠지만 주파수 대역폭이 점점 더 늘어나게 되며, 이에 따른 중요측파대 주파수의 개수는 다음의 표와 같다.

변조지수 (β)	0.1	0.3	0.5	1.0	2.0	5.0	10	20	30
중요측파대 주파수 개수	2	3	4	6	8	16	28	50	70

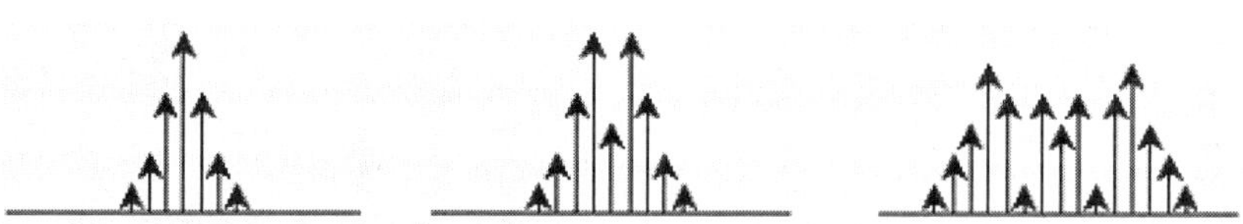

그림 5.9 변조지수에 따른 FM의 주파수분포

5.6 디지털변조

1) Shift Key

디지털 신호를 전송하기 위해 아날로그 변조의 원리를 그대로 이용할 수도 있는데, 이러한 경우 '1'과 '0'의 이분법식 단순신호를 효율적으로 변조하는 것이 주안점이 된다. 이러한 아날로그식 파형 변환을 그대로 이용하는 디지털변조 방법에는 크게 ASK(진폭 편이), FSK(주파수 편이), PSK(위상편이)의 3가지 방법이 있다.

2) ASK(Amplitude Shift Key)

디지털클럭이 '0'일 때는 신호를 보내지 않고, '1'일 때는 신호를 보내는 형식의 On-Off Keying과 같은 계열의 AM 디지털전송방법으로 구조와 원리가 가장 간단하지만, 전압을 조정하는 방식이라 상대적으로 잡음의 영향을 많이 받는 편이다.

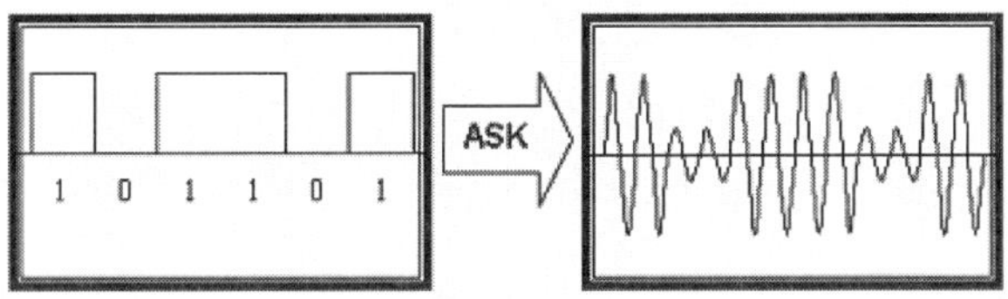

그림 5.10 ASK변조

3) FSK(Frequency Shift Key)

디지털클럭이 '0'일 때는 낮은 주파수를, '1'일 때는 높은 주파수를 보내는 형식의 FM 디지털 전송방법이다. 전반적으로 ASK와 FSK의 차이점은 AM과 FM의 근본적인 차이와 유사하다.

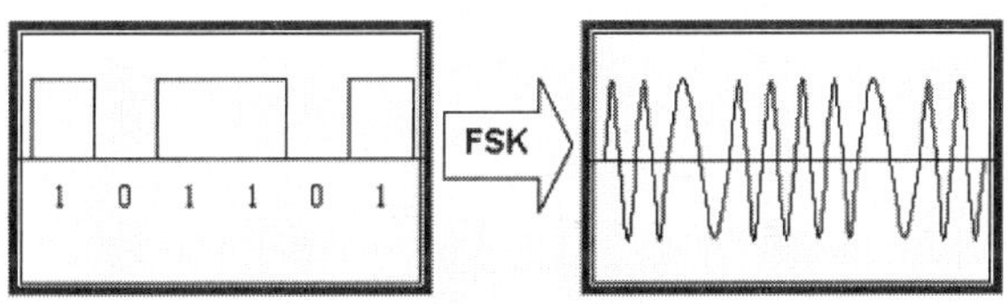

그림 5.11 FSK변조

4) PSK(Phase Shift Key)

디지털클럭이 '0'일 때와 '1'일 때 각각 반송파의 위상에 일정한 차이를 두어 변조시키는 방법이며, '0'과 '1'일 때의 반송파에 180도의 위상차를 두는 PSK방식을 BPSK(Binary Phase Shift Key)라고 한다.

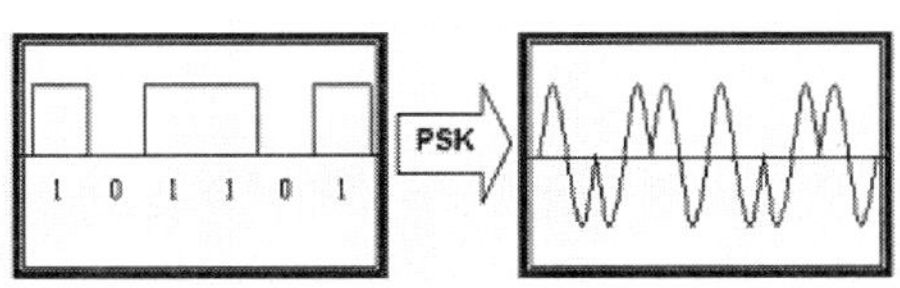

그림 5.12 PSK변조

5) QPSK / MPSK

a. QPSK(Quadrature Phase Shift Keying)

무선통신에서는 PSK 혹은 BPSK의 확장된 개념인 QPSK가 많이 사용된다. BPSK가 '1'과 '0'의 두 가지 신호만을 구분하는 프로토콜인 반면, QPSK는 4가지의 디지털 신호를 구분한다. QPSK의 원리는 00, 01, 10, 11의 4가지 2bit 디지털 신호를 전송할 수 있기 때문에 이론적으로 같은 시간 내에 BPSK 보다 2배의 데이터를 전송할 수 있다. 결과적으로 BPSK가 반송파의 위상을 180도씩 바꾸어가면서 전송했다면 QPSK는 90도씩 위상을 변화시켜서 4개의 신호를 만들어내게 된다.

이렇듯 M = 4인 MPSK, 즉 4 PSK와 같은 의미가 되기 때문에 QPSK라고 불린다. PSK 계열의 전송방식은 반송파의 전압, 즉 I/Q 플롯에서 신호들이 원점에서 떨어진 거리를 의미하는 반지름이 일정하기 때문에 위상만으로 신호의 내용을 판단할 수 있다.

b. MPSK(M-ary Phase Shift Keying)

MPSK는 BPSK와 QPSK를 포함한 M-ary PSK를 의미한다. M-ary 혹은 M진 변조라 함은 '1'과 '0'만으로 구성된 2진 디지털 신호가 아닌 크기가 일정한 단계별로 분포하는 multilevel 신호의 level 수를 의미한다고 이해하면 쉽다. 예를 들어 16단계로 양자화된 신호를 한 번에 보내려면 적어도 16가지의 신호좌표를 가진 multilevel signaling 변조를 해야 한다. 이러한 경우에는 하나의 반송파신호를 16가지의 위상차를 두게 만들어 16가지 서로 구분되는 신호를 보내는 16 PSK를 사용할 수 있다. MPSK에서 M = 2인 경우, 즉 두 종류의 신호를 사용하면 BPSK, M = 4인 경우를 QPSK라고 부르기 때문에 MPSK라 함은 이러한 PSK 계열을 모두 포함한 용어이다. 이렇듯 여러 단계로 양자화된 디지털 신호를 보낼 때는 이러한 multilevel signaling 변조법인 MPSK 혹은 다음 장에 언급될 QAM 방식을 사용함으로써 전송효율을 높일 수 있다.

Multilevel signaling을 복조할 때는 I/Q 플롯을 기준으로 각 신호마다의 경계선을 기준으로 수신된 신호좌표의 위치를 통해 원래 신호를 찾아낸다. 채널을 통과하면서 위상이나 크기의 왜곡이 생기는데, MPSK를 이용하면 신호 크기의 왜곡은 거의 무시되고 수신신호의 위상만을 주요한 구분 지표로 사용할 수 있다는 점이 큰 장점이다. 8 PSK의 8가지 신호가 잡음으로 인해 자기의 경계선을 넘어 다른 영역으로 넘어간 경우에는 다른 비트로 판단되어 에러를 유발하게 된다.

6) PAM(Pulse Amplitude Modulation)

아날로그 신호를 펄스 형태의 디지털 신호로 변환하는 변조방법을 펄스 변조법이라고 부르는데, 그중 가장 기본적인 방법이 PAM(펄스 크기 변조)이다. 이 방법은 아날로그 신호를 양자화하는 과정과 매우 비슷하지만, 양자화된 하나하나의 샘플 데이터를 하나의 펄스로 취한다는 점이 다르다.

근본적으로 PAM은 아날로그 변조 시스템에서 반송파로 정현파 대신에 주기적인 펄스열을 사용한 것과 동일하다. 일반적인 아날로그 변조에서 사용하는 정현파 반송파와 PAM 신호의 중요한 차이점은 다음과 같다.

- PAM 신호는 일정 시간마다 discrete하게 sampling된 반송파 신호이다.
- PAM 신호는 펄스의 높이가 일정한 단계별로 discrete하다.

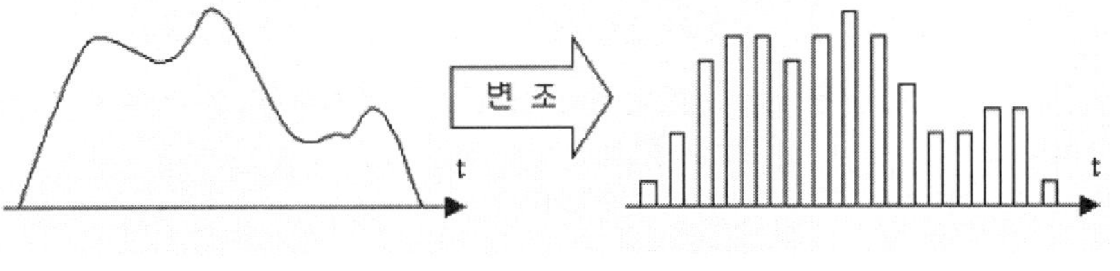

(a) 아날로그 신호 (b) PAM 신호

그림 5.13 PAM변조

7) PCM(Pulse Code Modulation)

a. PCM의 원리

PAM은 아날로그 데이터를 크기에 따라 높이가 다른 펄스열로 나열한 1차적인 펄스변조법이다. 이러한 멀티레벨 신호를 컴퓨터 파일처럼 순전히 0과 1만의 데이터열로 전송하기 위해서는 2진신호로 변환할 필요가 생긴다. 그러한 변조방법으로 가장 일반적으로 사용되는 것이 바로 PCM인데, 컴퓨터와 관련된 아날로그신호 체계는 거의 PCM에 기반하여 저장 및 전송된다.

PCM신호를 생성하는 순서는 우선 아날로그신호를 양자화하여 PAM신호로 만든 다음, 그 펄스의 디지털 레벨의 비트 수만큼 2진 코드열로 변환한다. 이러한 과정을 다음 그림에 나타내었다.

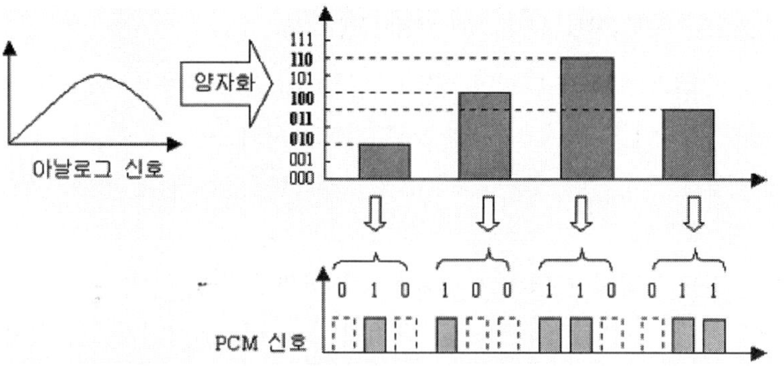

그림 5.14 아날로그 신호를 PCM 신호로의 변환과정

b. PCM의 성능

PCM 시스템 성능은 다음의 두 가지 잡음에 대해 영향을 받는다.

- 채널잡음 : 시스템이 동작하는 모든 채널에 항상 존재하는 부가잡음
- 양자화 잡음 : 디지털로 변환하면서 버려지는 아날로그 신호의 특성 자체가 잡음으로 평가되며, 채널잡음과는 신호가 있을 때만 존재하는 잡음이다.

이러한 PCM 시스템의 장점은 다음과 같다.

- 잡음과 간섭에 강하다.
- 전송 중 코딩된 신호를 효과적으로 재생한다.
- SNR을 개선하기 위한 채널대역폭의 증가를 효과적으로 바꿀 수 있다.
- 동일한 포맷으로 공통된 네트워크에서 다른 디지털 데이터와 합칠 수 있다.
- TDMA 시스템에서 신호를 빼거나 삽입하기 쉽다.
- 특수한 변조법이나 암호화를 적용하기 쉽다.

6장 회로스케치

목적

전자기기, 통신기기 관련제품을 보고 부품의 기호 및 심벌을 이용한 형태의 도면(회로도)을 구성할 수 있는 능력을 배양함에 있다.

문제

1. 기호 및 심벌
2. 부품면
3. 패턴도(TOP, BOTTOM)
4. 회로도(미완성)

요구사항

문제지의 패턴도를 보고 부품기호 및 심벌을 참조하여 미완성된 회로를 완성하시오.

- 기능장, 기사, 산업기사 : OR CAD 스키메틱 사용
- 기능사 : 수기(볼펜)

과제 문제 1

(1) 다음 패턴도를 심벌 및 기호를 참조하여 별첨 답안지에 작성하시오.

(2) 자를 사용하여 최대한 직선으로 표시하시오.

(3) 패턴은 동박면을 기준으로 하여 회로도를 작성하시오.

항	심 벌	기 호	항	심 벌	기 호	항	심 벌	기 호
1	E B C	Q1,2 Q4,5,8 Q3,6,7	4			7	통 과	
2			5	+ -	+ -	8	접 속	
3			6			9	GND	

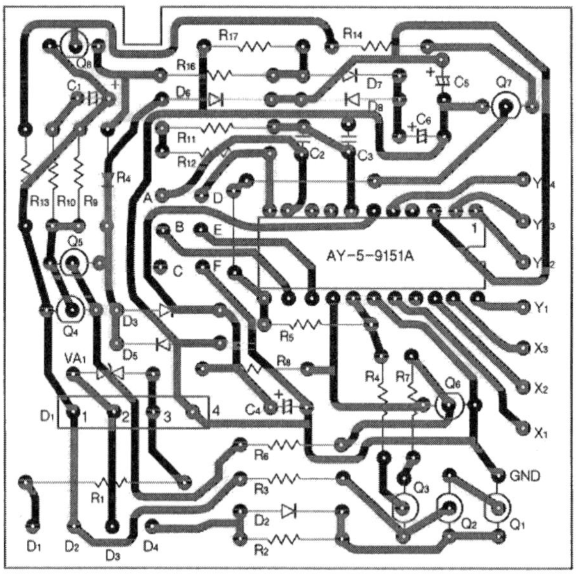

과제 1 답안지

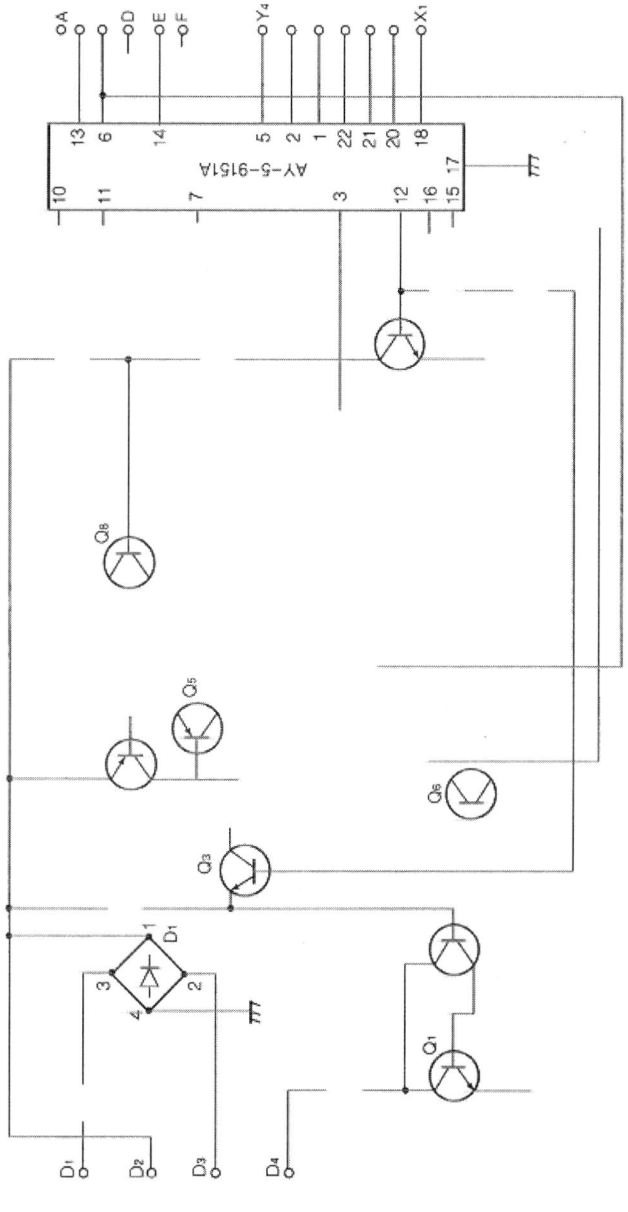

과제 1 모범답안

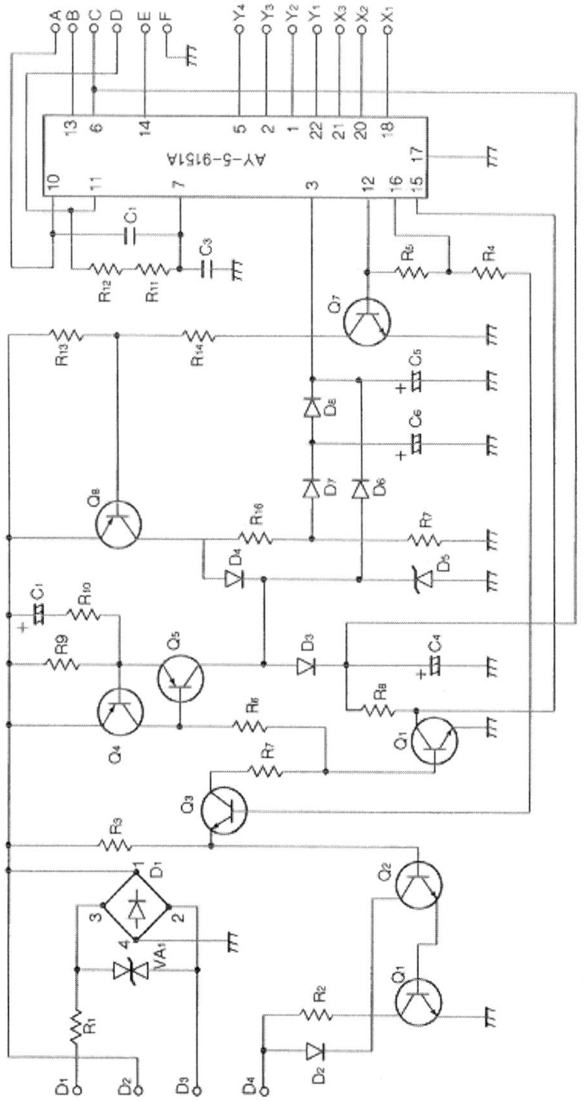

과제 문제 2

(1) 다음 패턴도를 심벌 및 기호를 참조하여 별첨 답안지에 작성하시오.

(2) 자를 사용하여 최대한 직선으로 표시하시오.

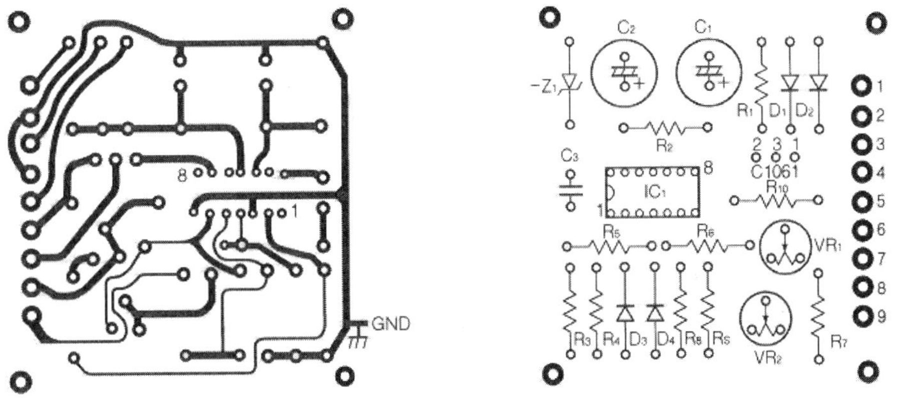

심 벌	기 호	심 벌	기 호	심 벌	기 호
E C B 1 2 3		저 항	VR R	접 속	
IC	8 1	콘 덴 서	C C	비 접 속	

과제 2 답안지

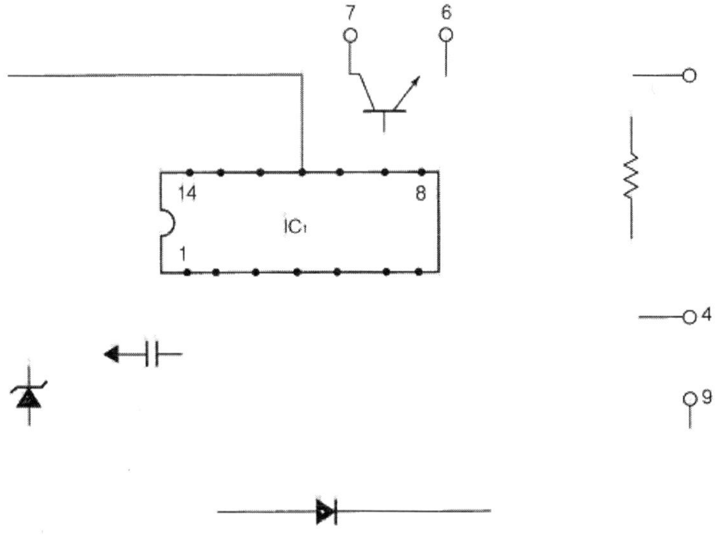

과제 2 모범답안

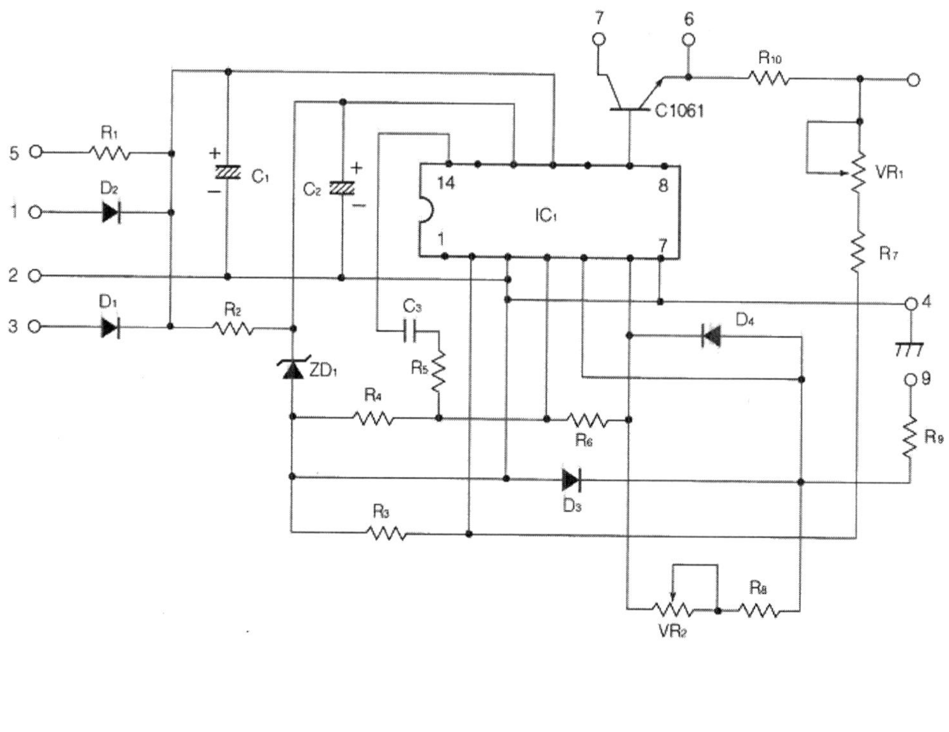

과제 문제 3

(1) 다음 패턴도를 심벌 및 기호를 참조하여 별첨 답안지에 작성하시오.

(2) 자를 사용하여 최대한 직선으로 표시하시오.

TOP VIEW

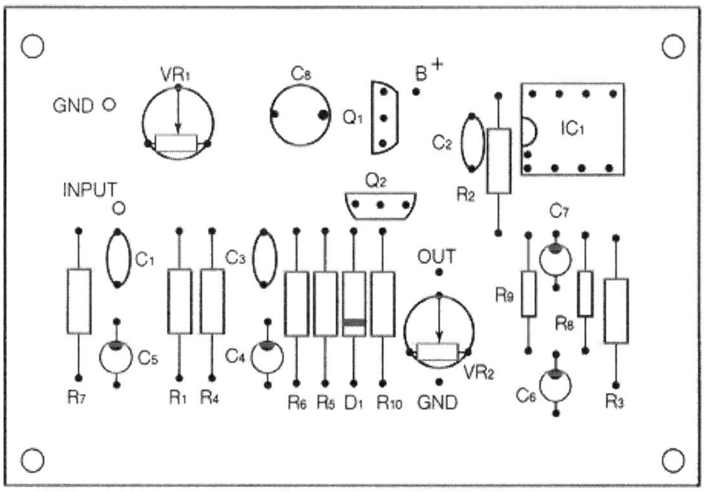

BOTTOM VIEW

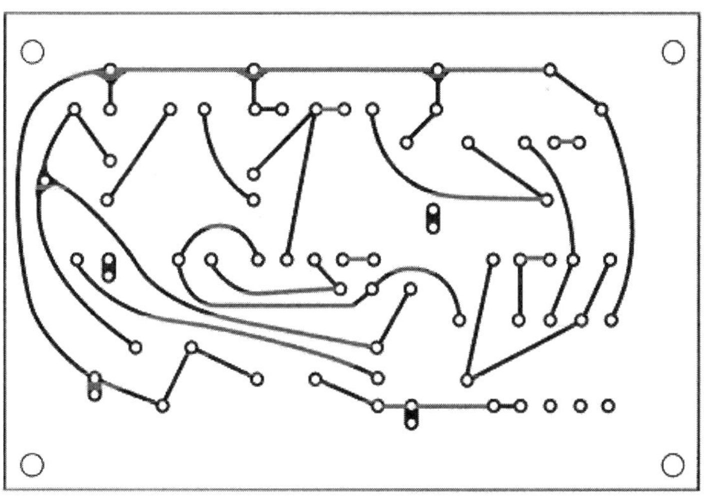

과제 3 답안지

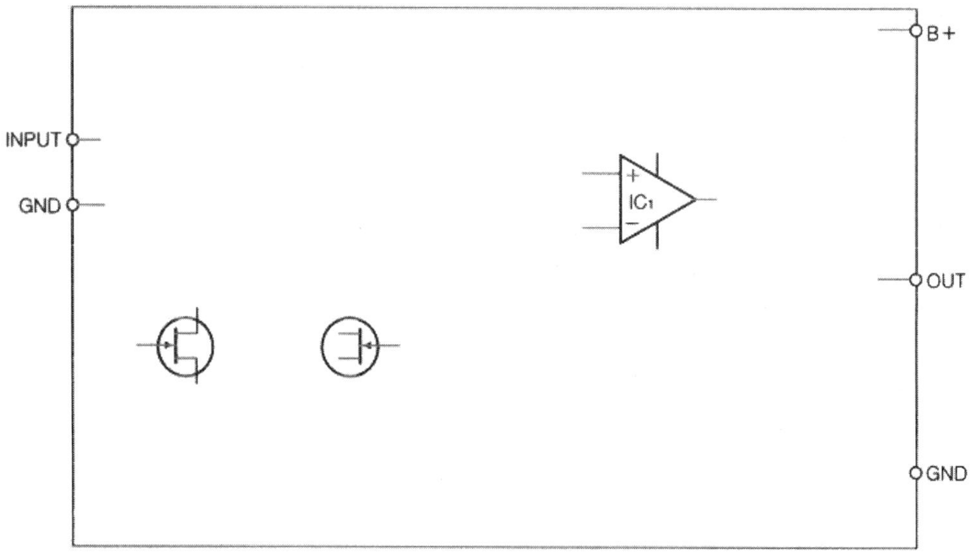

과제 3 모범답안

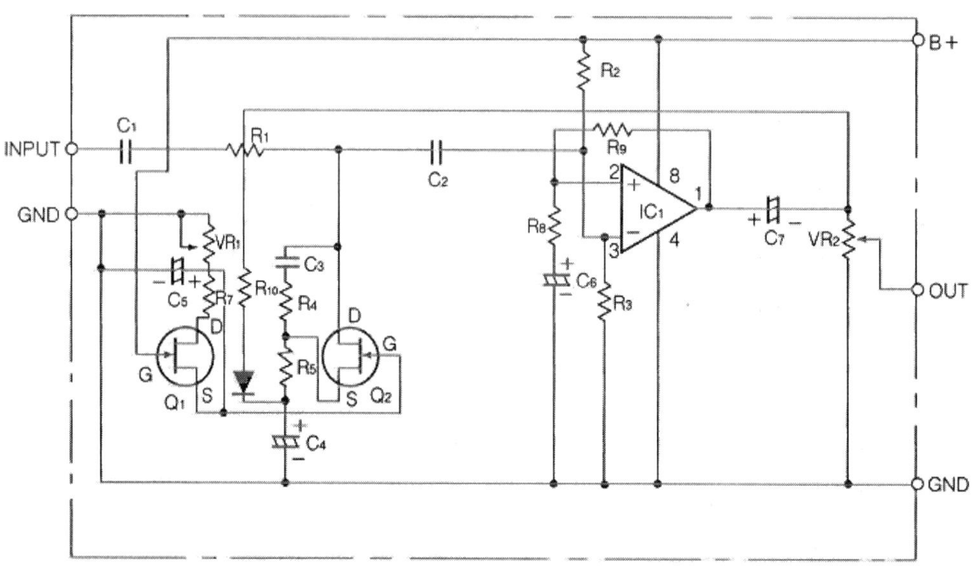

과제 문제 4

(1) 다음 패턴도를 심벌 및 기호를 참조하여 별첨 답안지에 작성하시오.

(2) 자를 사용하여 최대한 직선으로 표시하시오.

(3) 회로도는 흑색, 부품번호는 적색을 사용하여 작도하시오.

기 호	저 항	콘덴서	GND	접 속	비접속
심 벌					

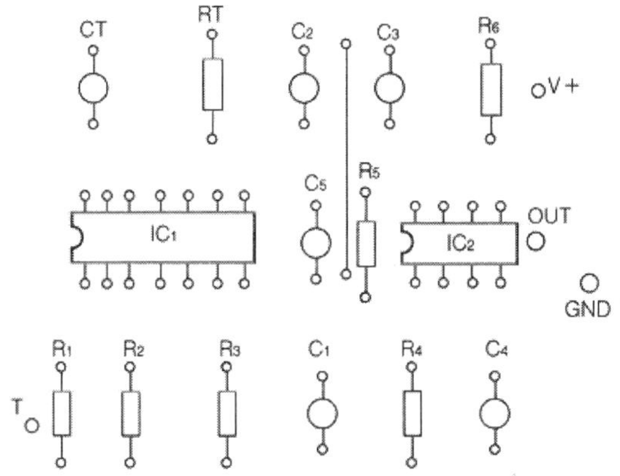

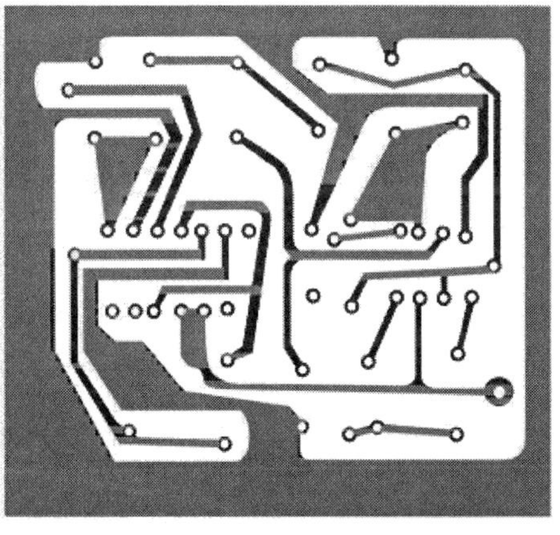

과제 4 답안지

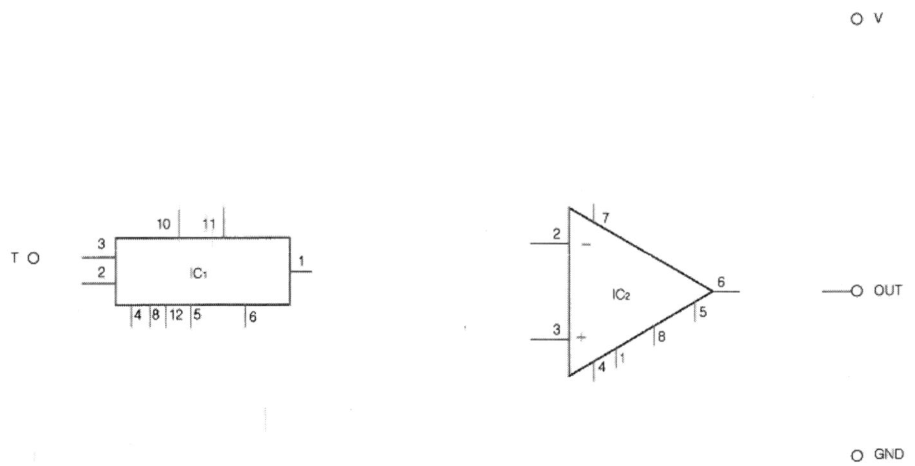

과제 4 모범답안

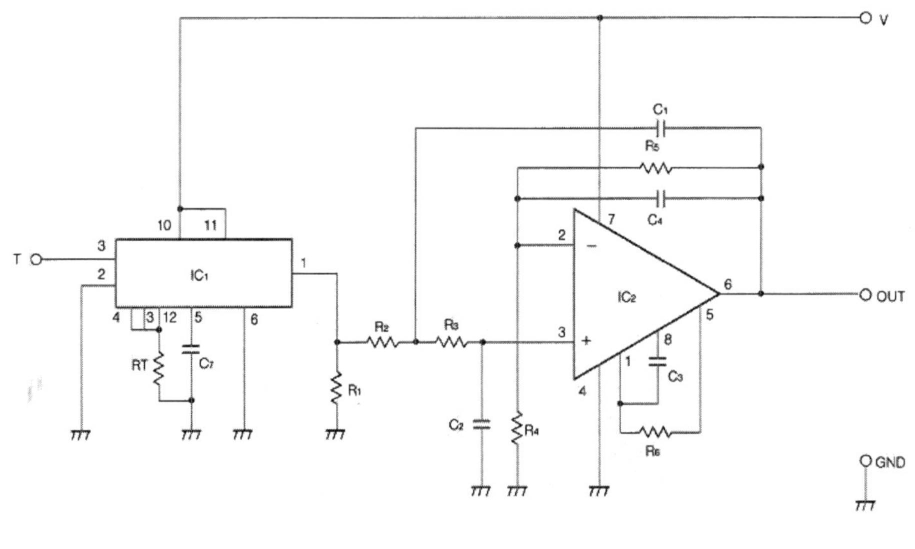

7장 패턴설계연습

회로도

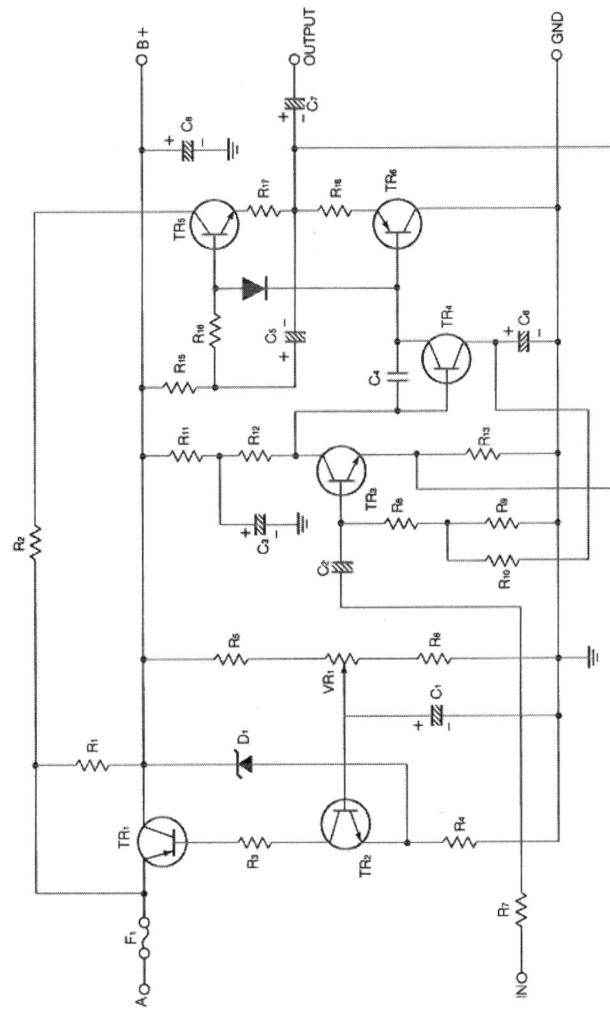

답안지

부품명 / 표시	TR	저 항	콘 덴 서		다이오드	SVR
패턴도 기호	B C E	R	+			
회로도 기호			+ −			

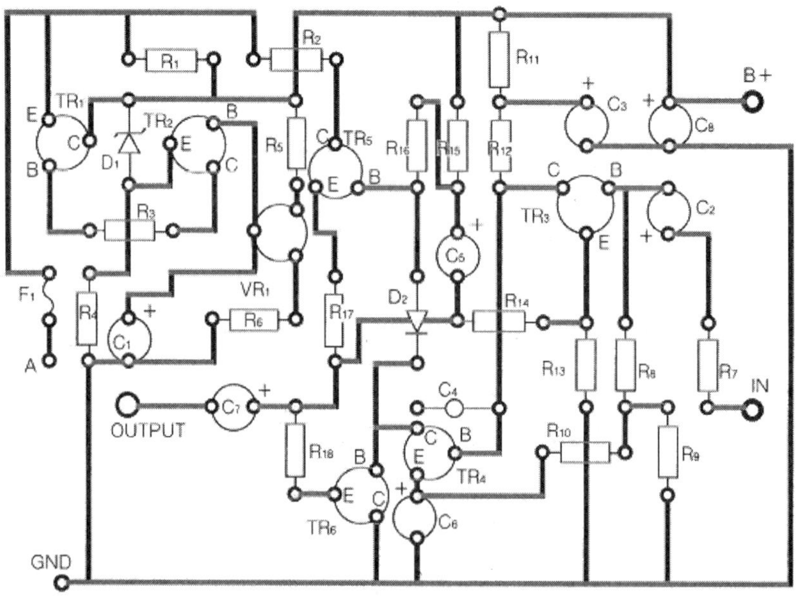

8장 Mixer, 진폭 변조기, 포락선 검파기

신호 모양의 변화를 비선형 왜곡이라고 하며, 비선형 왜곡은 기본파 주파수 f에 대하여 2f, 3f, …, nf 등의 고조파 성분을 만들어 낸다.

8.1 혼합기

혼합기는 2개의 입력 신호와 1개의 출력 신호를 갖는 비선형 회로이다. 2개의 입력 신호를 fx, fy라 할 때, 혼합기의 출력은 fx, fy, 2fx, 2fy, 3fx, 3fy, …, nfx, nfy, fx+fy, fx-fy인 주파수들을 포함하지만, 일반적으로 두 신호의 차 주파수인 fx-fy만 최종적으로 출력되도록 여파된다.

그림 1은 트랜지스터의 혼합기의 한 예를 보인 것으로, 한 신호는 베이스에 인가하고, 또 다른 신호는 에미터에 인가한다. 비선형 동작을 하기 위해, 입력신호 중의 하나는 진폭이 크고, 또다른 하나는 작은 신호를 인가하는데 이것은 안테나로부터 들어오는 신호는 원래의 신호보다 감쇄되기 때문이다.

콜렉터에서의 탱크회로(L-C 동조회로)는 혼합기의 여러 가지 출력 주파수 중에서, 단지 차의 주파수인 fx-fy에서 동조되므로, 다른 여러 가지 주파수 성분은 출력단에서 여파되고, 최종 출력단에는 차 주파수만 생성된다.

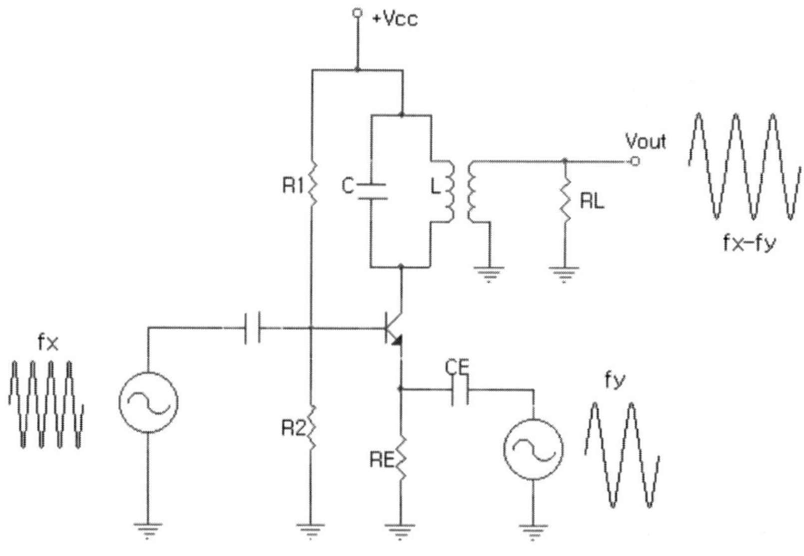

그림 8.1 트랜지스터 혼합기

8.2 진폭 변조

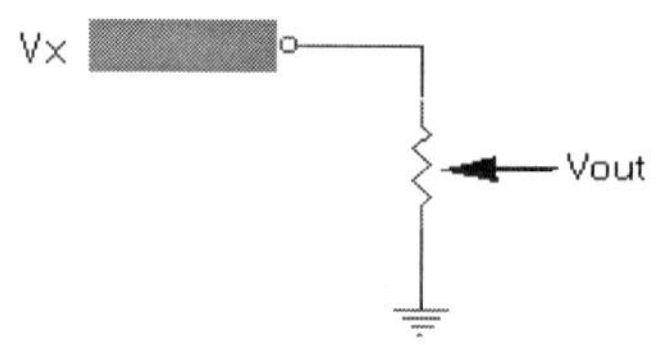

(a) 간단한 진폭 변조기

(b) 신호

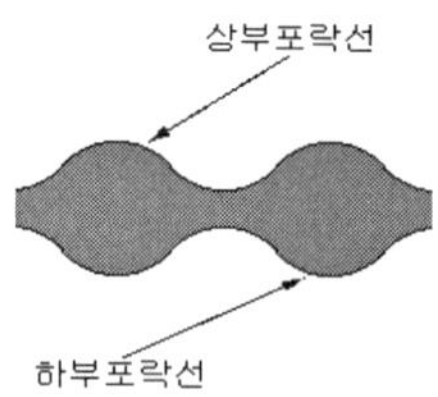

(c) AM 포락선

그림 8.2 진폭 변조

변조란 고주파 신호의 진폭, 주파수, 위상을 저주파 신호에 의하여 제어하는 것이다. 고주파 신호를 반송파 신호라고 하며, 저주파 신호는 변조 신호라고 한다.

수많은 전자적인 시스템은 변조 없이 불가능하며, 저주파 신호의 진폭을 제어할 때 진폭 변조(AM)라고 한다.

(1) 그림 8.2 (a)는 간단한 진폭 변조기를 보인 것이고, 그림 8.2 (b)는 가변 저항의 크기를 정현파와 같이 변화시켰을 때 고주파 신호의 진폭이 저주파 비율로 변화되는 AM 신호를 나타낸 것이며, 그림 8.2 (c)는 오실로스코프로 AM 파형을 관측했을 때, 상측파와 하측파가 나타나는 포락선을 보인 것이다.

(2) 그림 8.3은 트랜지스터 변조기의 한 예이다.

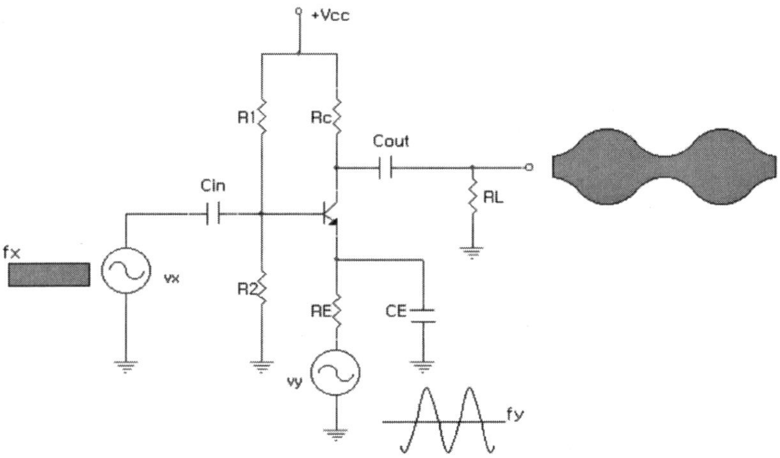

그림 8.3 진폭 변조기

반송파신호 v_x가 CE증폭기의 입력에 인가되며, 출력이 Av_x가 되도록 증폭도 A로 반송파를 증폭한다. 에미터 단자에 가해진 변조신호(저주파)는 에미터 전류의 변화를 약기시키고, 전압이득 A는 에미터 전류에 비례한다. 따라서 증폭된 반송파 신호는 AM파형과 같이 보인다.

반송파신호의 주파수를 fc, 변조파신호의 주파수를 fx라 하면, AM 변조된 파형은 fx, fx+fs, fx-fs인 주파수 성분을 포함한다.

(3) 변조율

그림 8.4 (a)에서 AM 신호는 최대 피크-피크값 $2V_{max}$와 최소 피크-피크값 $2V_{min}$을 갖는다. 변조 계수와 변조율은 다음과 같다.

$$2m = \frac{2V_{max} - 2V_{min}}{2V_{max} + 2V\mathrm{min}} = \frac{V_{max} - V_{min}}{V_{max} - V_{min}}$$

$$\text{변조율} = m \times 100\%$$

예를 들어, 오실로스코프상의 AM 신호가 그림 8.4 (b)와 같다면, 변조율은 다음과 같다.

$$m = \frac{8-2}{8+2} = 0.6$$

$$\text{변조율} = 60\%$$

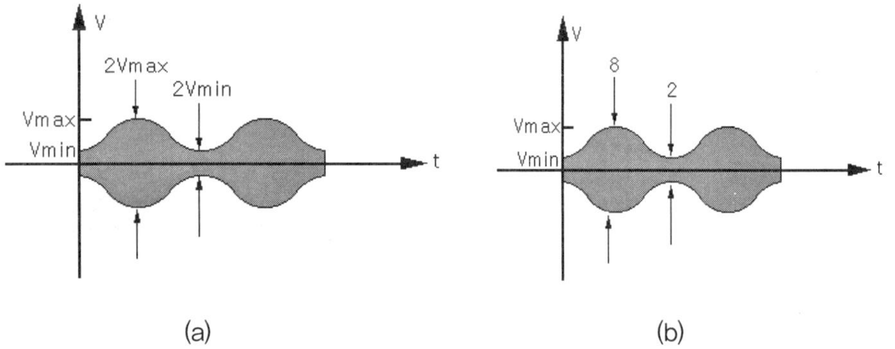

그림 8.4 AM 신호

8.3 포락선 검파기

AM 방송신호는 540 [kHz]와 1,600 [kHz] 사이의 주파수를 반송파로 사용하며, 반송파는 음성 신호(저주파 신호)에 의해 변조되어 AM 신호로써 변형된다.

AM 신호가 적절한 길이를 가진 송신 안테나를 통해 전송되면, 수 마일 떨어져 있는 수신 안테나에서는 수신된 AM 신호를 증폭한 후에 복조하게 되며, 저주파 신호가 재생된다.

AM 신호를 복조하는 한 방법으로서 포락선 검파를 사용한다. 그림 8.5 (a)는 복조기의 한 형태로써 피크 검출기를 보인 것이며, 입력신호의 최대치(상부 포락선)가 검파되므로, 포락선 검파기라고도 한다.

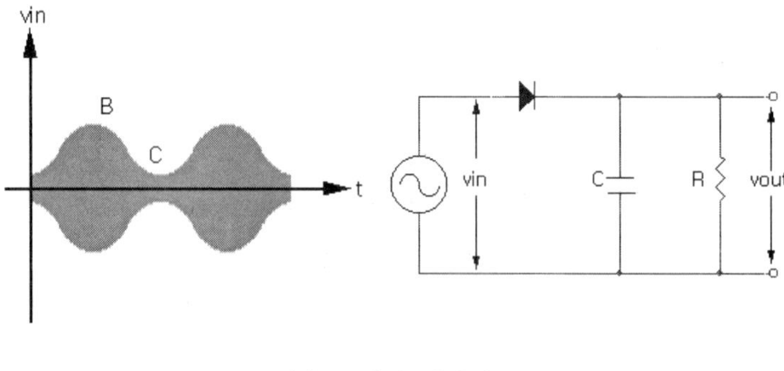

(a) 포락선 검파기

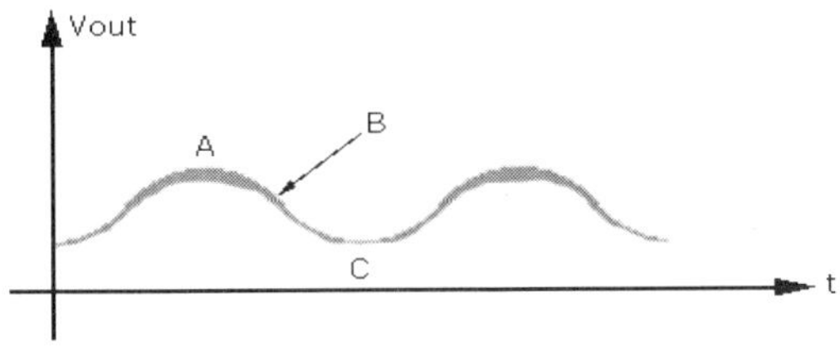

(b) 작은 반송파 리플을 가진 출력

그림 8.5 포락선 검파기

AM 신호(반송파+양측파대 주파수) 중에서 복조되려는 신호(저주파)는 포락선과 같으므로, 먼저 입력되는 AM 신호의 반을 제거하기 위해서 다이오드를 사용하며, 남아 있는 반송파는 커패시터를 사용하여 여과시킨다.

커패시터는 포락선이 증가할 때 피크값까지 충전되며 포락선이 감소할 때 R을 통하여 방전된다. 만약 RC 시정수를 매우 작게 하면 방전이 너무 빨리 이루어져서 리플 현상이 남게 되며, 출력전압은 그만큼 줄어든다. 한편 RC 시정수를 매우 크게 하면 방전이 너무 늦게 이루어지므로 크리핑 현상이 나타날 수 있다. 따라서 RC 시정수를 적당히 결정하는 것은 매우 중요하다. 그림 8.5에서 포락선 검파기의 차단 주파수는

$$f_{y(\max)} = \frac{1}{2\pi RCm}$$

이며, m은 변조율이다.

8.4 사용기기 및 부품

(1) 전원공급장치

(2) 오실로스코프

(3) 신호발생기(RF 2대, AF 1대)

(4) 저항 : 1 [kΩ]×3, 4.7 [kΩ], 10 [kΩ]×4, 22 [kΩ], 100 [kΩ]×2

(5) 콘덴서 : 0.001 [μF]×3, 0.01 [μF], 0.1 [μF]×2, 1.0 [μF]

(6) 다이오드 : 1N60A

(7) 트랜지스터 : 2SC1815×2

8.5 실험순서

1) 혼합기

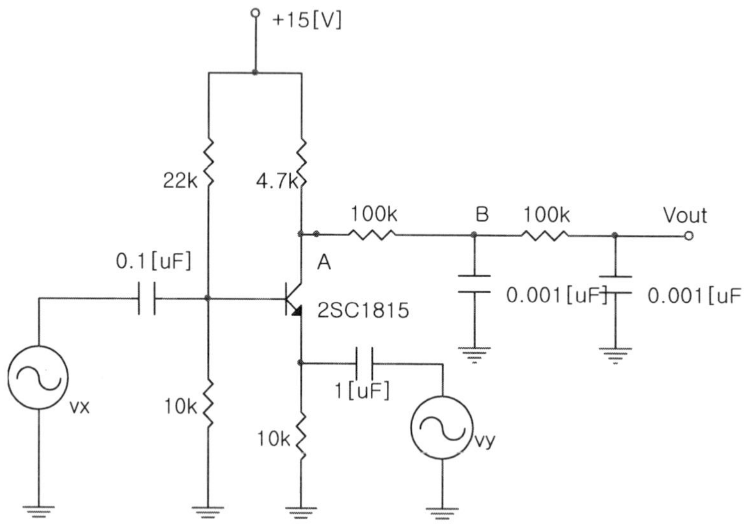

그림 8.6 혼합기

① 그림 8.6의 회로를 결선하고, 전원을 인가하여라.

② v_x를 10 [kHz] 0.1 [Vp-p], v_y를 100 [kHz] 1 [Vp-p]하고 오실로스코프를 사용하여 출력파형을 관찰하여, 표에 기록하여라.

* 출력신호가 1 [kHz]가 될 때까지 v_x의 주파수는 101 [kHz] 부근에서 서서히 조절하여라.

③ A점에서의 파형을 관찰하여 출력파형과 ripple 전압을 표에 기록하여라.

④ B점에서의 파형을 관찰하여 출력파형과 ripple 전압을 표에 기록하여라.

2) 진폭변조기

① 그림 8.7 (a)의 회로를 결선하고, 전원을 인가하여라.

② 저주파 발생기의 주파수는 200 [Hz], 고주파 발생기의 주파수는 500 [kHz]로 놓아라.

③ 저주파 발생기의 출력을 0 [V]로 하고, v_{out}이 0.3 [Vp-p]가 되도록 고주파 발생기의 출력을 조절하여라.

④ 저주파 신호의 출력을 조절함으로써 진폭변조가 됨을 확인하고, 변조율을 조사하여라.

3) 포락선 검파기

① 진폭 변조기(그림 8.7 (a))의 출력을 그림 8.7 (b)의 입력단에 접속하여라.

② 100% 변조가 되도록 저주파 발생기의 주파수를 조절하고, 오실로스코프를 사용하여 그림 8.7 (b)에서의 v_{in}, v_A, v_{out}을 측정하여 표에 기록하여라. 이때 $f_{(\max)}$는 얼마인가? 이론치, 시험치를 조사하여 표에 기록하여라.

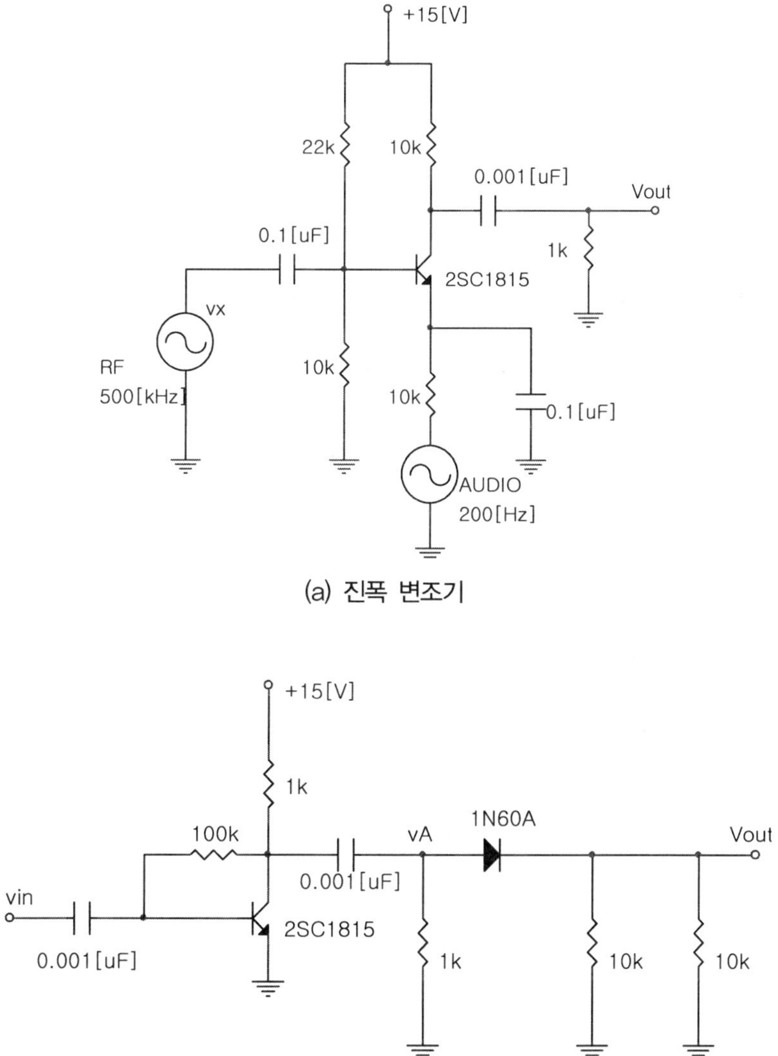

(a) 진폭 변조기

(b) 포락선 검파기

그림 8.7

9장 델타변조회로 실습

9.1 회로의 개념

정차변조(델타변조)회로는 음성신호와 같은 아날로그 신호를 디지털 신호로 변환시키는 한 방법으로, DPCM(Differential Pulse Code Modulation)의 일종이다. 아날로그 신호를 디지털화 하는 방법은 높은 곳을 계단으로 접근시키는 것과 같이 아날로그 신호를 계단의 높이에 해당하는 Step Size라고 하는 전압 △[V]로 아날로그 신호를 추종하면서 아날로그 신호와 추종 신호를 비교하는 것이다. 이때 입력신호가 크면 '1', 적으면 '0'을 출력하여 정보를 전송한다.

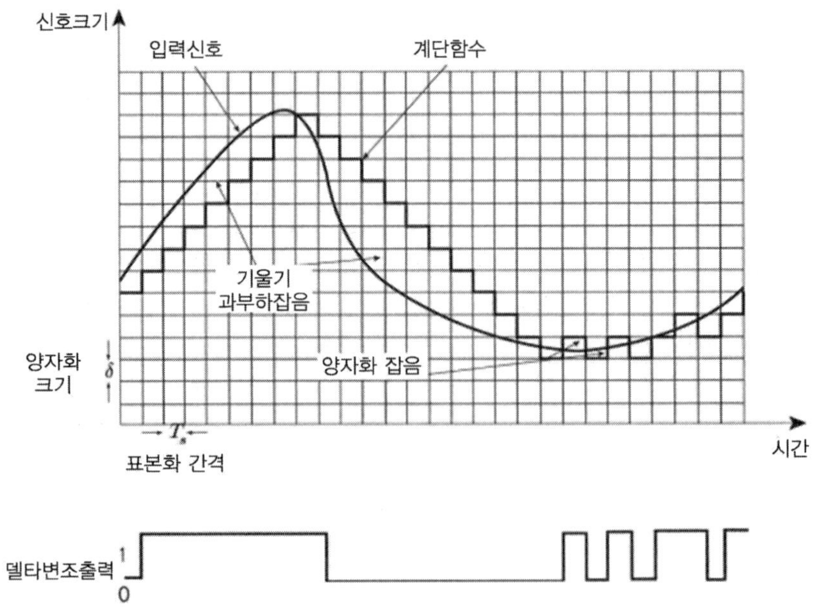

9.2 회로 블록도

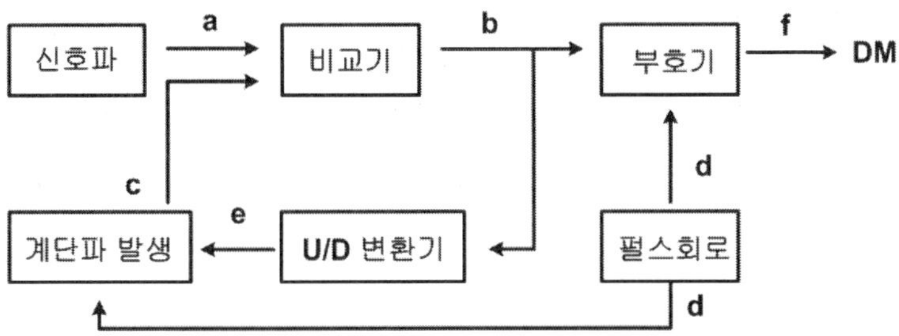

9.3 동작개요

(1) b에서는 a의 출력 파형과 c의 출력 파형을 비교하여 a의 출력전압이 높을 경우 +5 [V], c의 출력전압이 높을 경우 0 [V]가 출력된다.

(2) c에서는 e의 출력과 d의 출력에 따라 a의 파형에 근접한 계단파가 출력된다.

(3) f에서는 b의 출력이 5 [V]일 경우 양의 펄스, 0 [V]일 경우 음의 펄스가 출력된다.

9.4 재료목록

번호	재 료 명	규 격(치수)	단위	소요량
1	세라믹콘덴서	0.1uF	개	10
2	마일러콘덴서	0.1uF	개	3
3	마일러콘덴서	3300pF	개	1
4	커넥터	녹색단자(2P, Sh144-5.0)	개	2
5	다이오드	RD 5.1	개	1
6	트랜지스터	2SC1815	개	4
7	저항	330Ω, 1/4W	개	2
8	저항	1KΩ, 1/4W	개	2
9	저항	1.5KΩ, 1/4W	개	4
10	저항	5.1KΩ, 1/4W	개	5
11	저항	8.2KΩ, 1/4W	개	1
12	저항	10KΩ, 1/4W	개	9
13	저항	15KΩ, 1/4W	개	2
14	저항	20KΩ, 1/4W	개	1
15	저항	51KΩ, 1/4W	개	5

번호	재 료 명	규 격(치수)	단위	소요량
16	저항	100KΩ, 1/4W	개	5
17	저항	150KΩ, 1/4W	개	4
18	가변저항	5KΩ	개	1
19	가변저항	10KΩ	개	2
20	가변저항	100KΩ	개	1
21	가변저항	1MΩ	개	1
22	IC	LF356	개	8
23	IC	4069	개	1
24	IC	4510	개	1
25	IC	7400	개	1
26	IC	74573	개	1
27	IC소켓	DIP8P	개	8
28	IC소켓	DIP14P	개	2
29	IC소켓	DIP16P	개	1
30	IC소켓	DIP20P	개	1
31	Test Point	LC-2-R	개	5

9.5 전체회로도

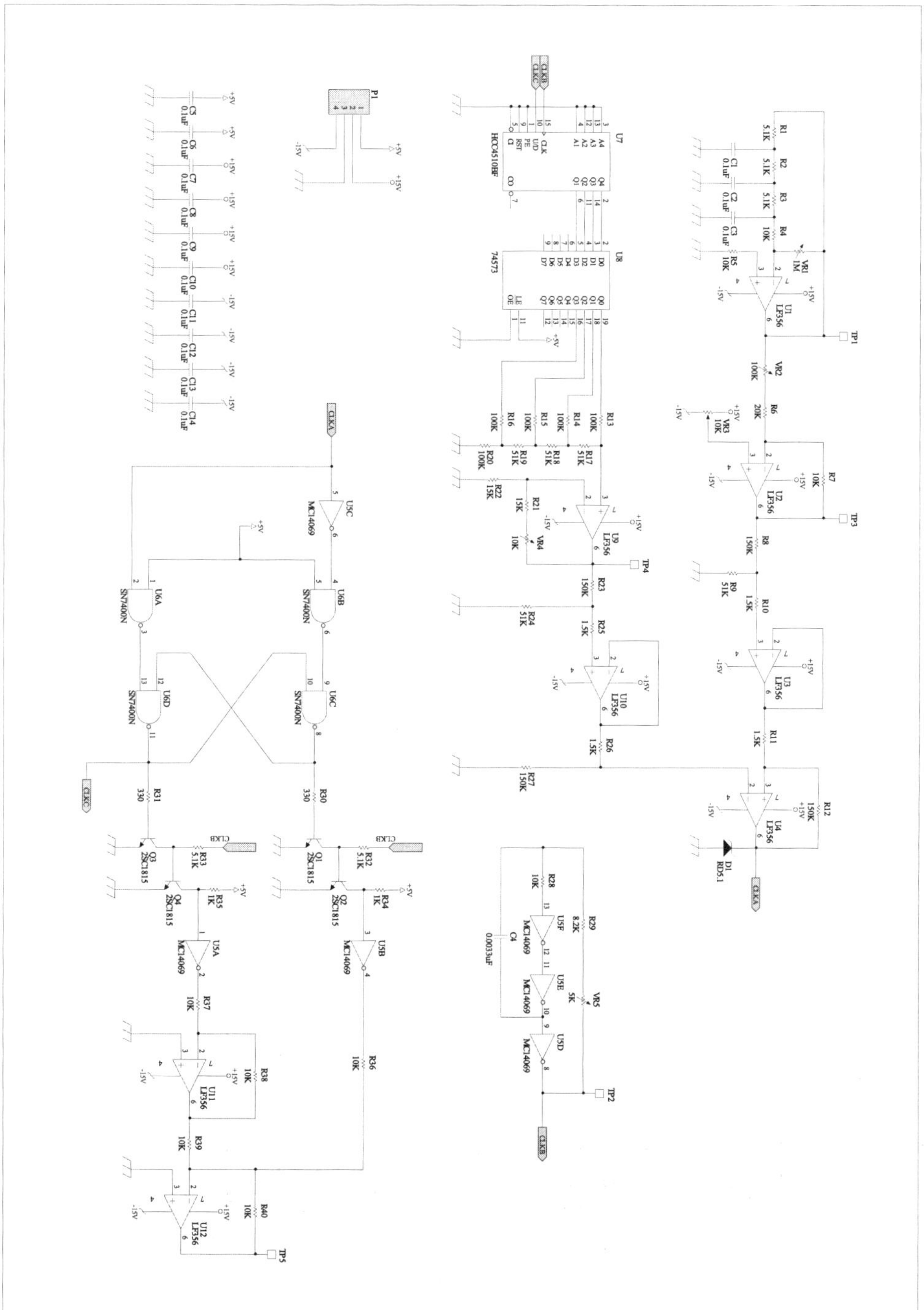

9.6 실습

1) Part 1(TP1, RC 3단 적분형 이상발진기) 실습

(1) 조정 및 측정

① TP1 측정

VR1을 조정하여 주파수가 890 [Hz]가 되도록 조정하고 TP1 파형을 측정하여 기록하시오. LF356 대체로 μA741이나 TL082를 사용할 수 있으며 이때 TL082의 전원은 ±15 [V]로 한다.

② TP1 파형

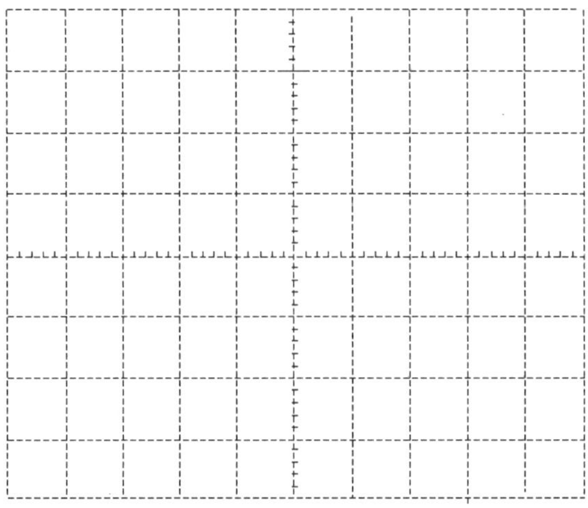

(2) 분석

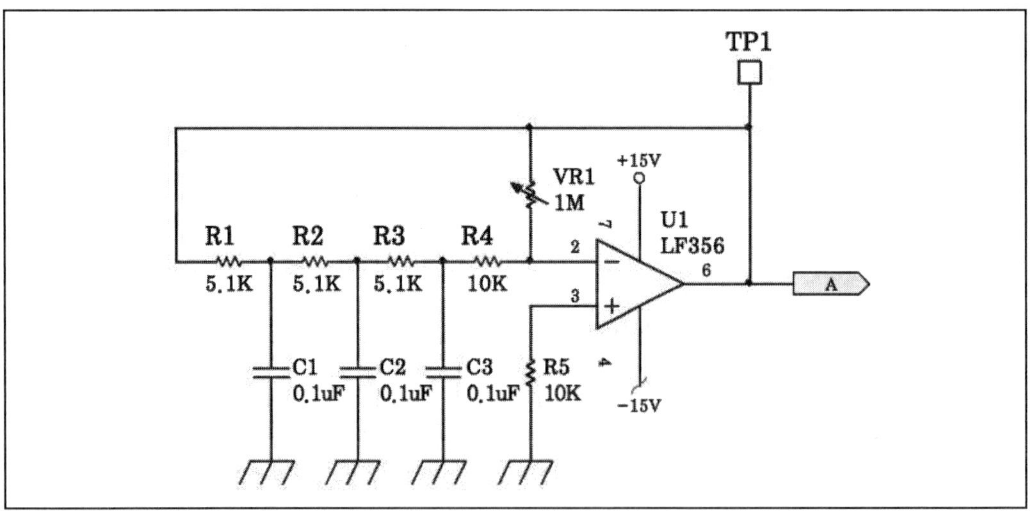

$$f_0 = \sqrt{6} \cdot \frac{1}{2\pi RC} = \frac{\sqrt{6}}{2 \times 3.14 \times 5.1 \times 10^3 \times 0.1 \times 10^{-6}} \fallingdotseq 764.4\,[\mathrm{Hz}]$$

$$\mathrm{T} = \frac{1}{764.4} \fallingdotseq 1.31\,[\mathrm{ms}]$$

그림의 회로는 병렬용량형 이상발진회로로서 이상발진회로는 반전증폭회로의 RC 이상회로망에서 각각 180° 위상을 변화시킨다.

이 발진회로의 구성은 이상회로망에서의 감쇠량을 OP AMP의 폐이득으로 없애준다. 즉, 일순의 Loop이득이 '1'이 되도록 콘덴서 C 또는 저항 R의 값을 가변시키며, 발진주파수 f_0는 다음의 식으로 나타낸다.

$$f_0 = \sqrt{6} \cdot \frac{1}{2\pi RC}$$

한편, R과 C의 위치를 교환하면 병렬저항형 이상발진회로로서 발진주파수 f_0는 다음의 식으로 나타낸다.

$$f_0 = \frac{1}{\sqrt{6}} \cdot \frac{1}{2\pi RC}$$

① TP1 파형

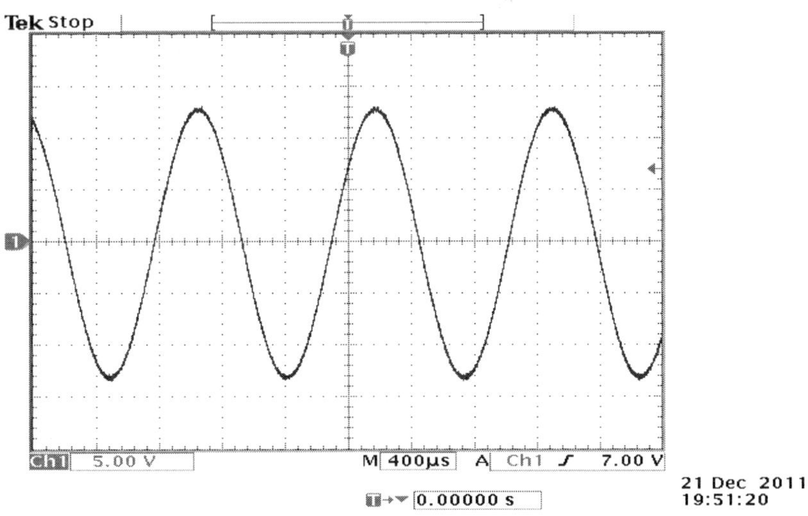

2) Part 2(TP2) 실습

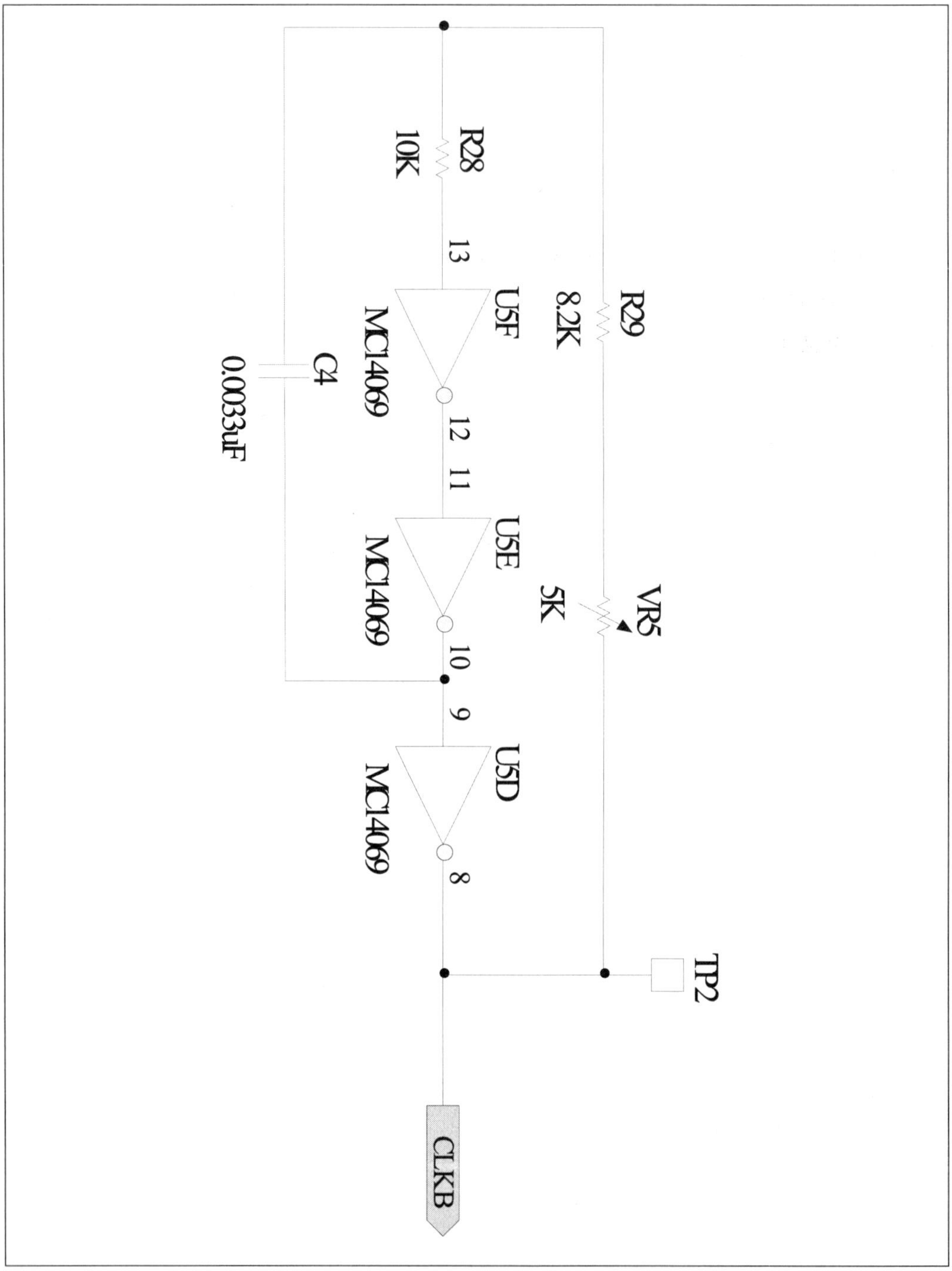

(1) 조정 및 측정

① TP2 측정

VR5를 조정하여 TP2에서 12 [kHz]의 구형파가 나오도록 조정하고, TP2 파형을 측정하여 기록하시오. MC14069 대용으로 74HC04를 사용할 수 있다.

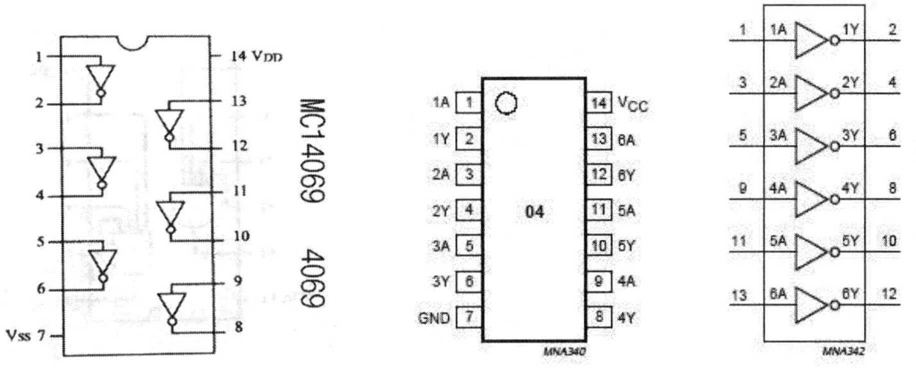

14번 : V_{CC} (+5V)　　7번 : GND(접지)

② TP2 파형

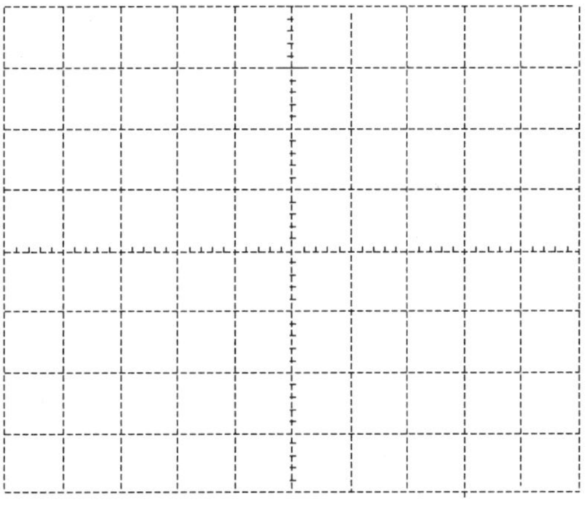

(2) 분석

① TP2 파형

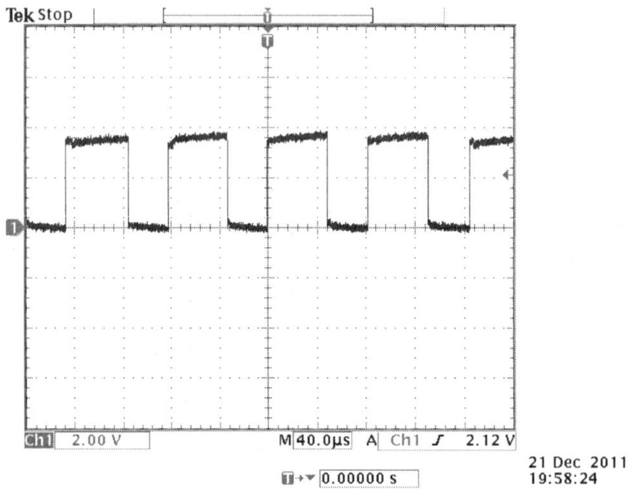

3) Part 3(TP3) 실습

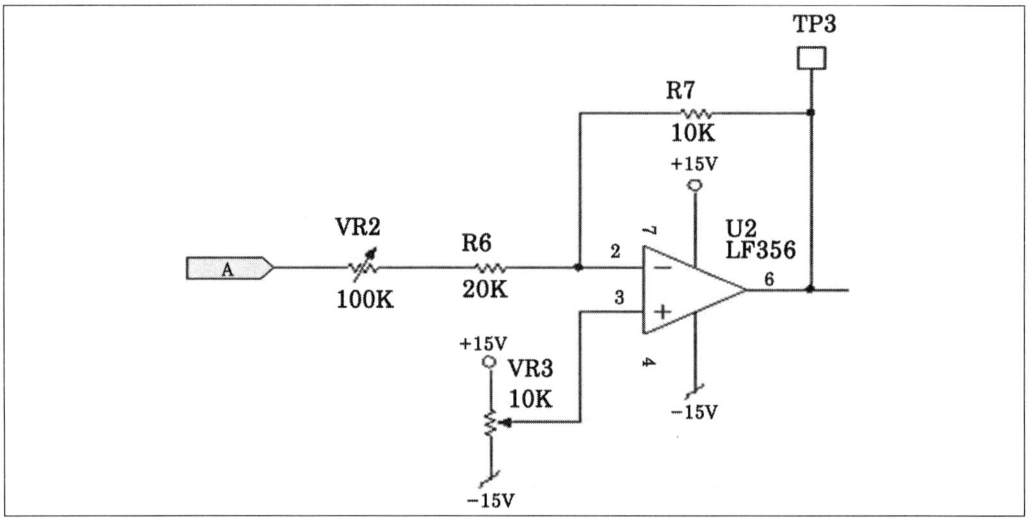

(1) 조정 및 측정

① TP3 측정

VR2를 조정하여 TP3에서 Vp-p가 4 [V]가 되도록 조정(scale 조정)하고, VR3를 조정하여 U2의 3번 핀에서 2 [V]가 되도록 조정한 후 TP3 파형을 측정하여 기록하시오.

② TP3 파형

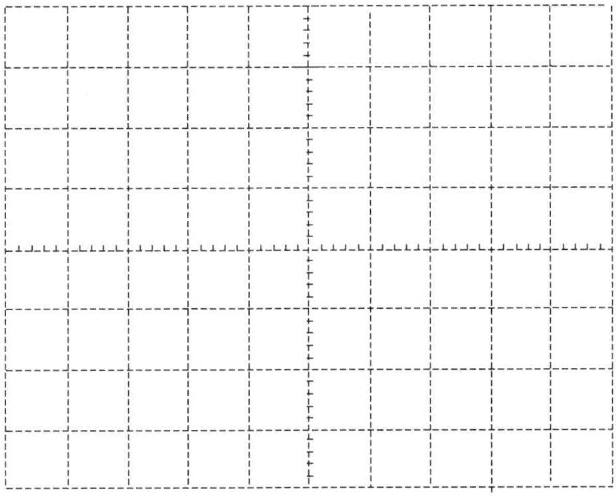

(2) 분석

① TP3 파형

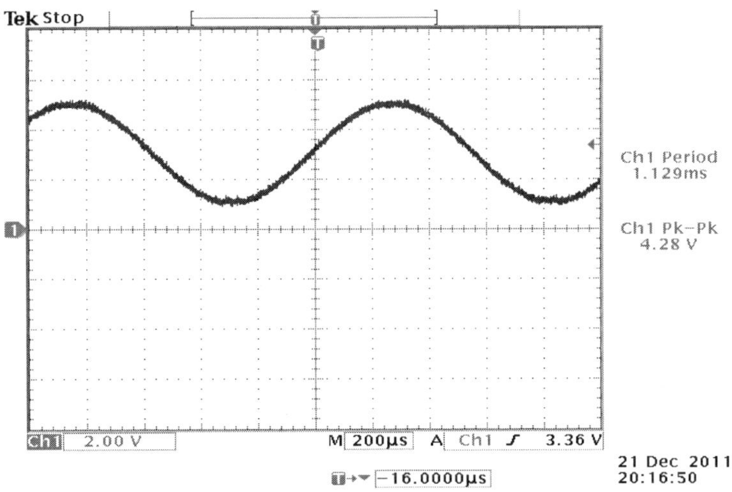

② CLK A 파형

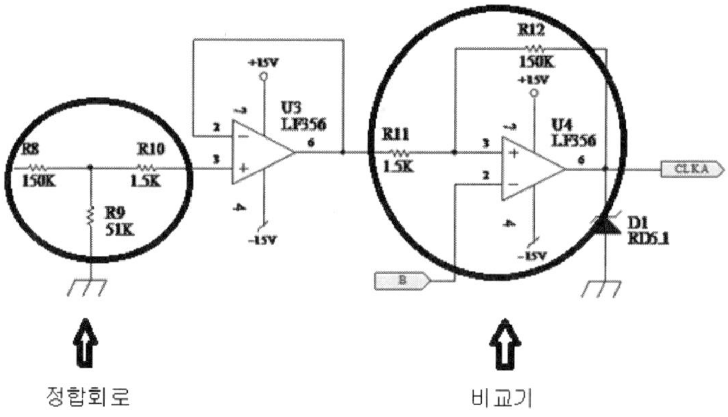

(a) 제너 다이오드 미부착 시

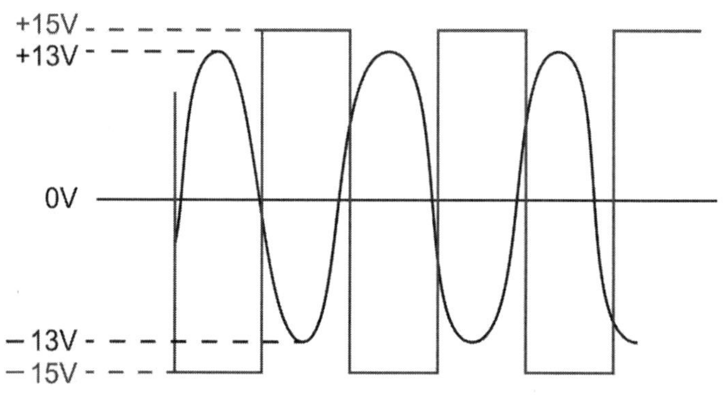

(b) 제너 다이오드 부착 시

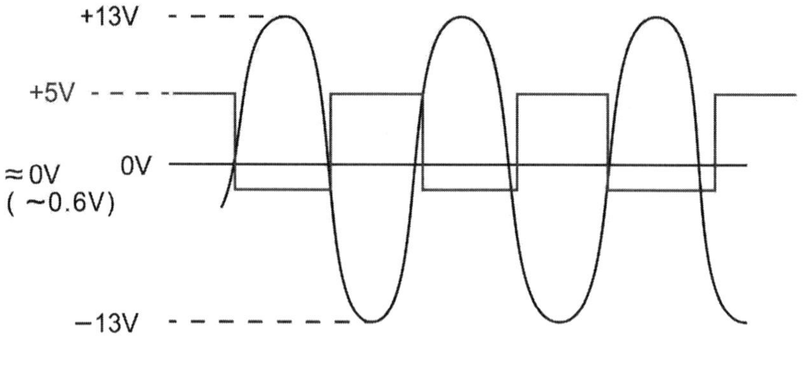

4) Part 4(TP4) 실습

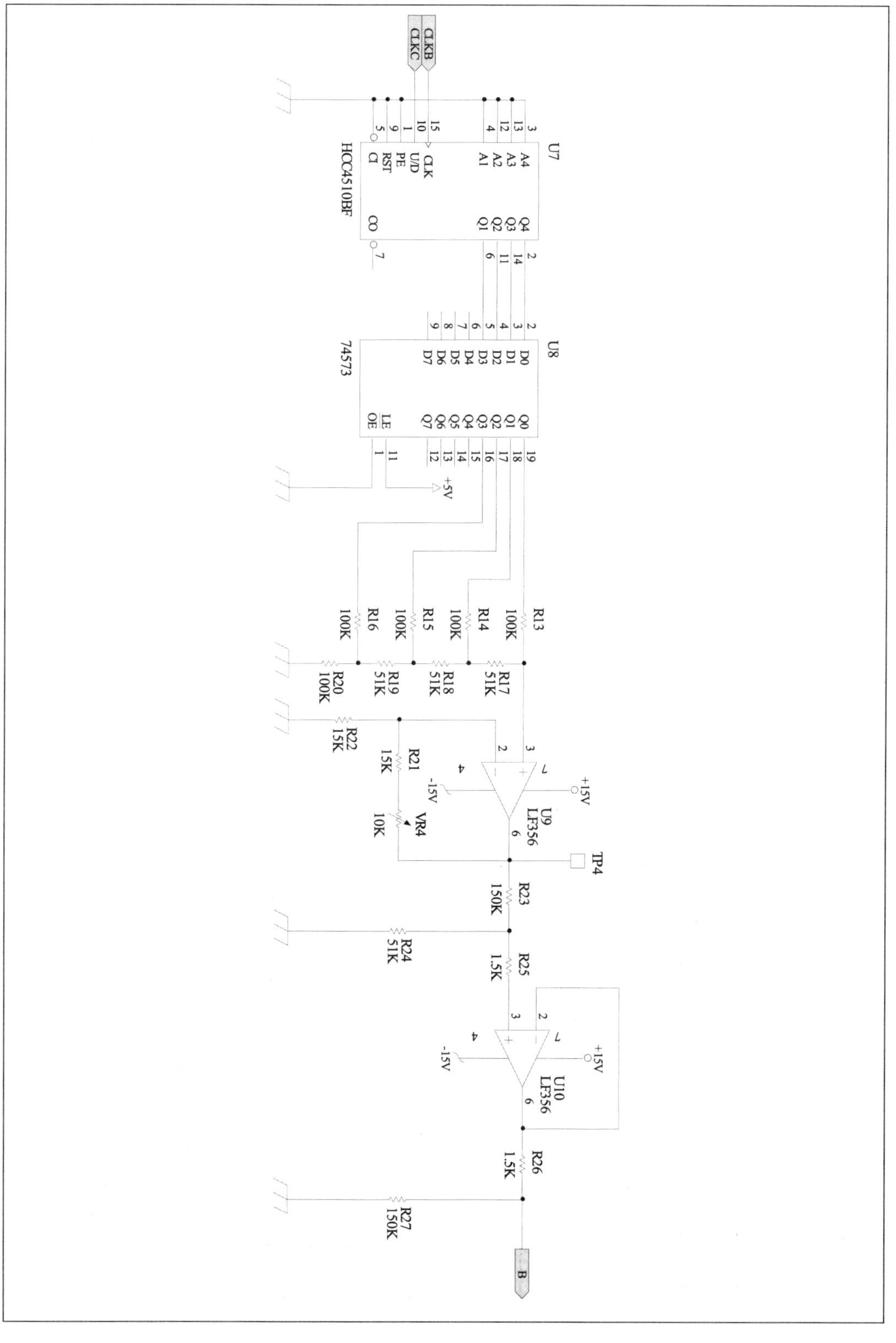

(1) 조정 및 측정

① TP4 측정

R4를 조정하여 계단파가 포함된 의사 사인파가 나오도록 조정하고, TP4 파형을 측정하여 기록하시오.

② TP4 파형

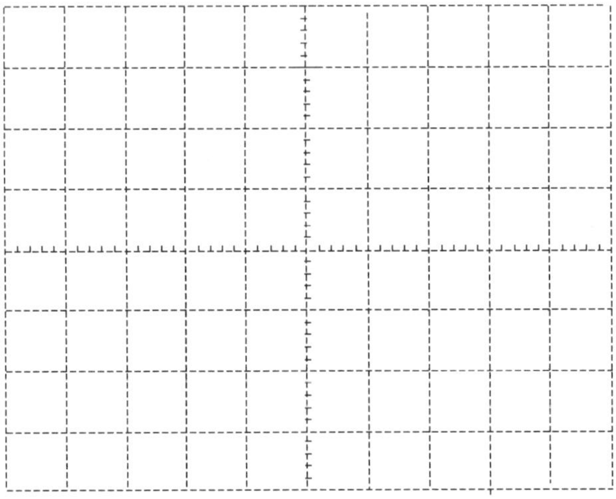

(2) 분석

- HCC4510B (PRESETTABLE BCD UP/DOWN CUNTERS) ⇒ SN54/74LS192

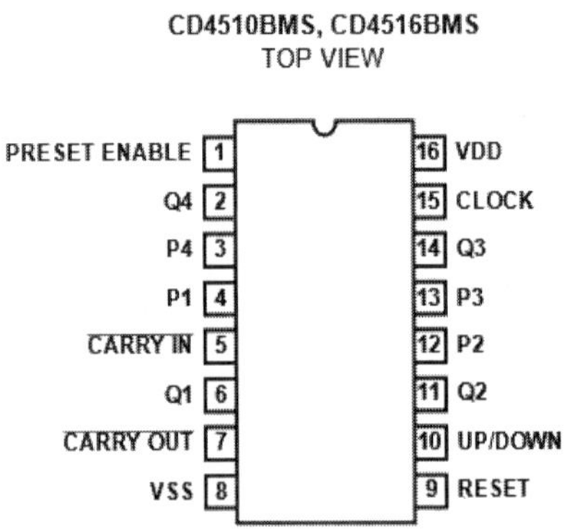

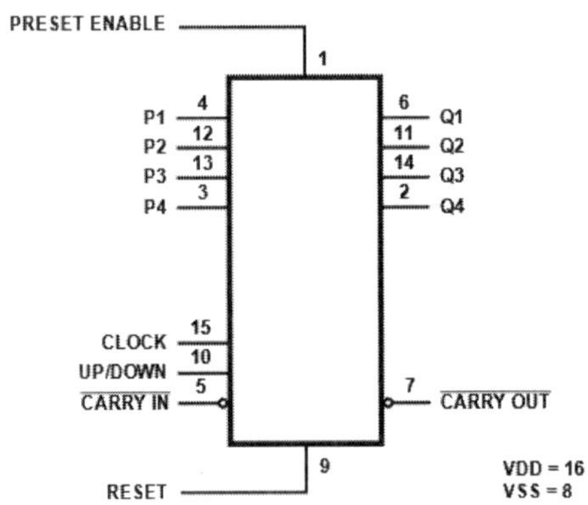

CL	$\overline{CI}$	U/D	PE	R	Action
X	1	X	0	0	No Count
↑	0	1	0	0	Count Up
↑	0	0	0	0	Count Down
X	X	X	1	0	Preset
X	X	X	X	1	Reset

X = Don't care.

* PE단자와 RST 단자는 항상 "0" 상태에 놓아야 한다.
* CARRY IN 단자는 항상 "0" 상태에 놓아야 하며, CARRY OUT 단자는 항상 "1" 상태에 놓아야 한다.

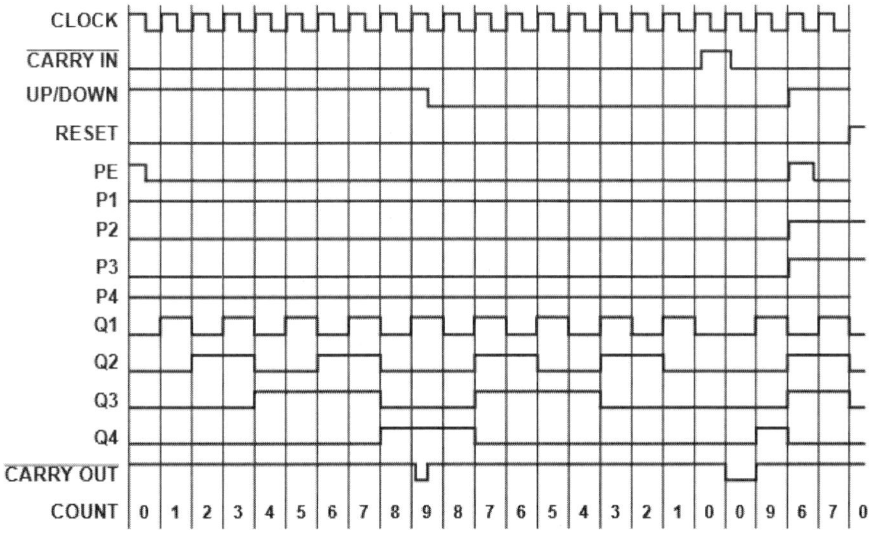

● 74573(Octal 3-State Noninverting Transparent Latch)

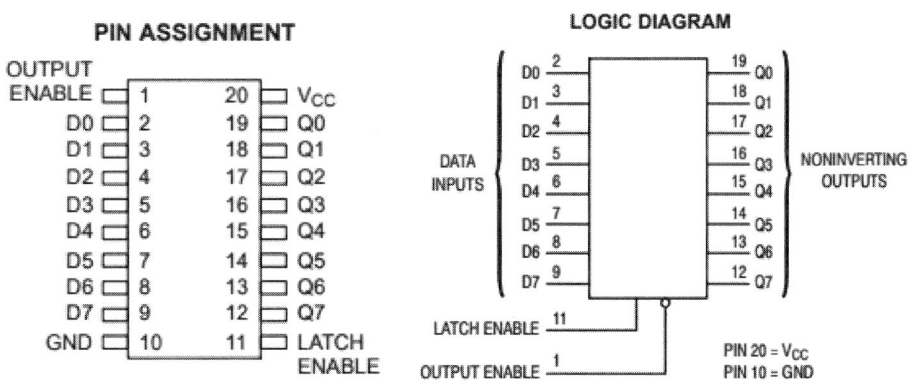

FUNCTION TABLE

Inputs			Output
Output Enable	Latch Enable	D	Q
L	H	H	H
L	H	L	L
L	L	X	No Change
H	X	X	Z

X = Don't Care
Z = High Impedance

● 바이너리 카운터를 이용한 R-2R 사다리형 D/A 컨버터

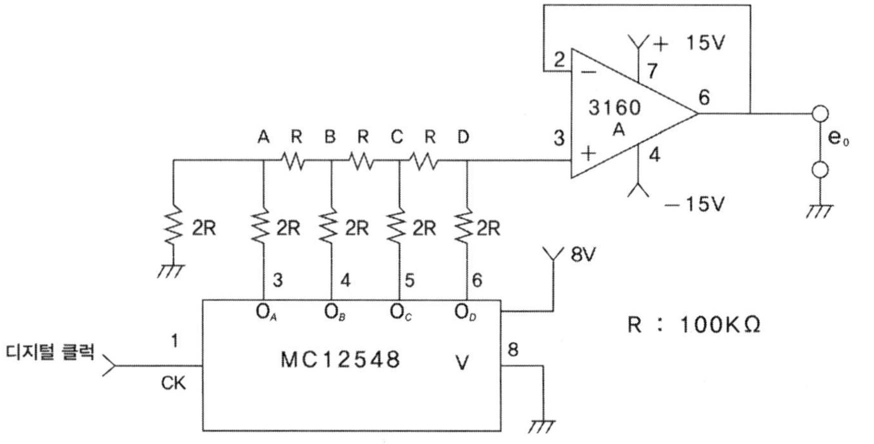

① MC14518 IC는 디지털클럭에 의하여 16진 카운터로 동작하는 UP 카운터로서 Q의 출력전압은 8 [V]가 된다.

② OP AMP는 전압 팔로워로써 다음과 같은 출력을 얻는다.

㉠ 카운터가 "0001(1)"을 카운터할 때

A점의 전압은 $V_A = VQ_A \times \dfrac{2R}{2R+2R} = \dfrac{VQ_A}{2} = \dfrac{8}{2} = 4[V]$

B점의 전압은 $V_B = V_A \times \dfrac{2R}{2R+2R} = \dfrac{V_A}{2} = \dfrac{4}{2} = 2[V]$

C점의 전압은 $V_C = V_B \times \dfrac{2R}{2R+2R} = \dfrac{V_B}{2} = \dfrac{2}{2} = 1[V]$

D점의 전압은 $V_D = V_C \times \dfrac{2R}{2R+2R} = \dfrac{V_B}{2} = \dfrac{1}{2} = 0.5[V]$

㉡ 카운터가 "0010(2)"을 카운터할 때

B점의 전압은 $V_B = VQ_B \times \frac{2R}{2R+2R} = \frac{VQ_B}{2} = \frac{8}{2} = 4[V]$

C점의 전압은 $V_C = V_B \times \frac{2R}{2R+2R} = \frac{V_B}{2} = \frac{4}{2} = 2[V]$

D점의 전압은 $V_D = V_C \times \frac{2R}{2R+2R} = \frac{V_C}{2} = \frac{2}{2} = 1[V]$

㉢ 카운터가 "0100(4)"을 카운터할 때

C점의 전압은 $V_C = VQ_C \times \frac{2R}{2R+2R} = \frac{VQ_C}{2} = \frac{8}{2} = 4[V]$

D점의 전압은 $V_D = V_C \times \frac{2R}{2R+2R} = \frac{V_C}{2} = \frac{4}{2} = 2[V]$

㉣ 카운터가 "1000(8)"을 카운터할 때

D점의 전압은 $V_D = VQ_D \times \frac{2R}{2R+2R} = \frac{VQ_D}{2} = \frac{8}{2} = 4[V]$

㉤ 카운터가 "1111(15)"을 카운터할 때

D점의 전압은 $V_D = 0.5 + 1 + 2 + 4 = 7.5[V]$

즉, 디지털 클록의 1 step마다 0.5 [V]씩 증가한다.

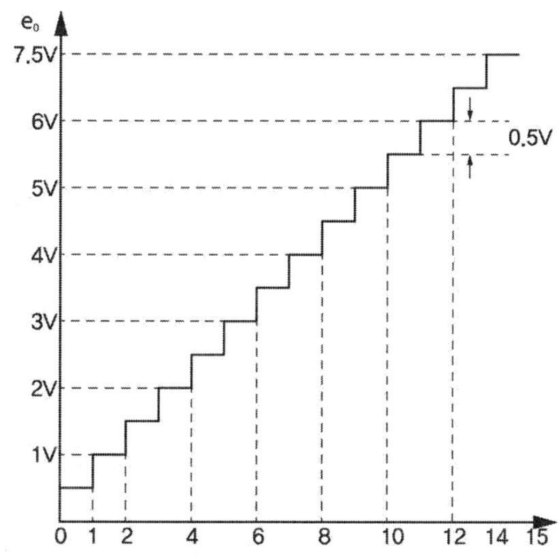

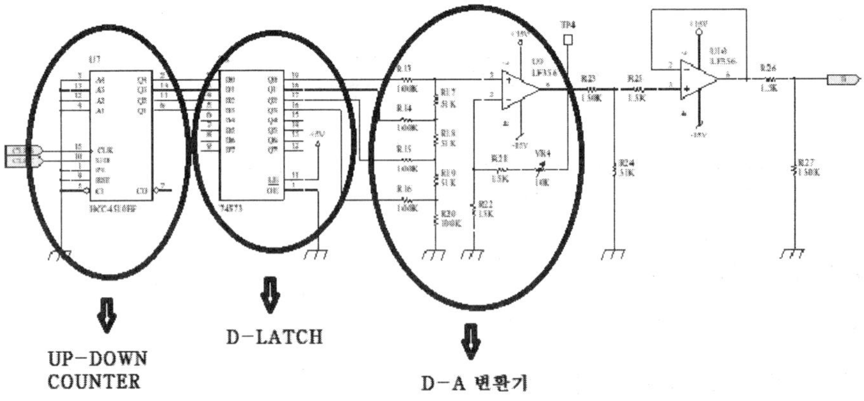
D-LATCH
UP-DOWN
COUNTER
D-A 변환기

- TP4 파형

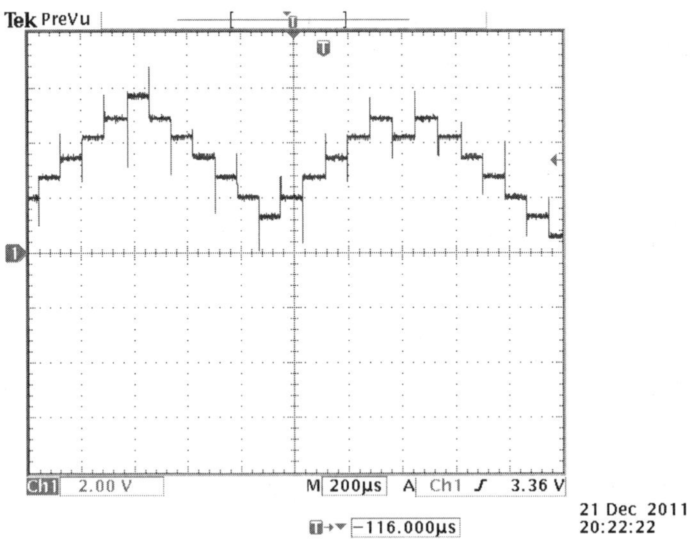
Tek PreVu
Ch1 2.00 V
M 200μs A Ch1 ∫ 3.36 V
-116.000μs
21 Dec 2011
20:22:22

5) Part 5(TP5) 실습

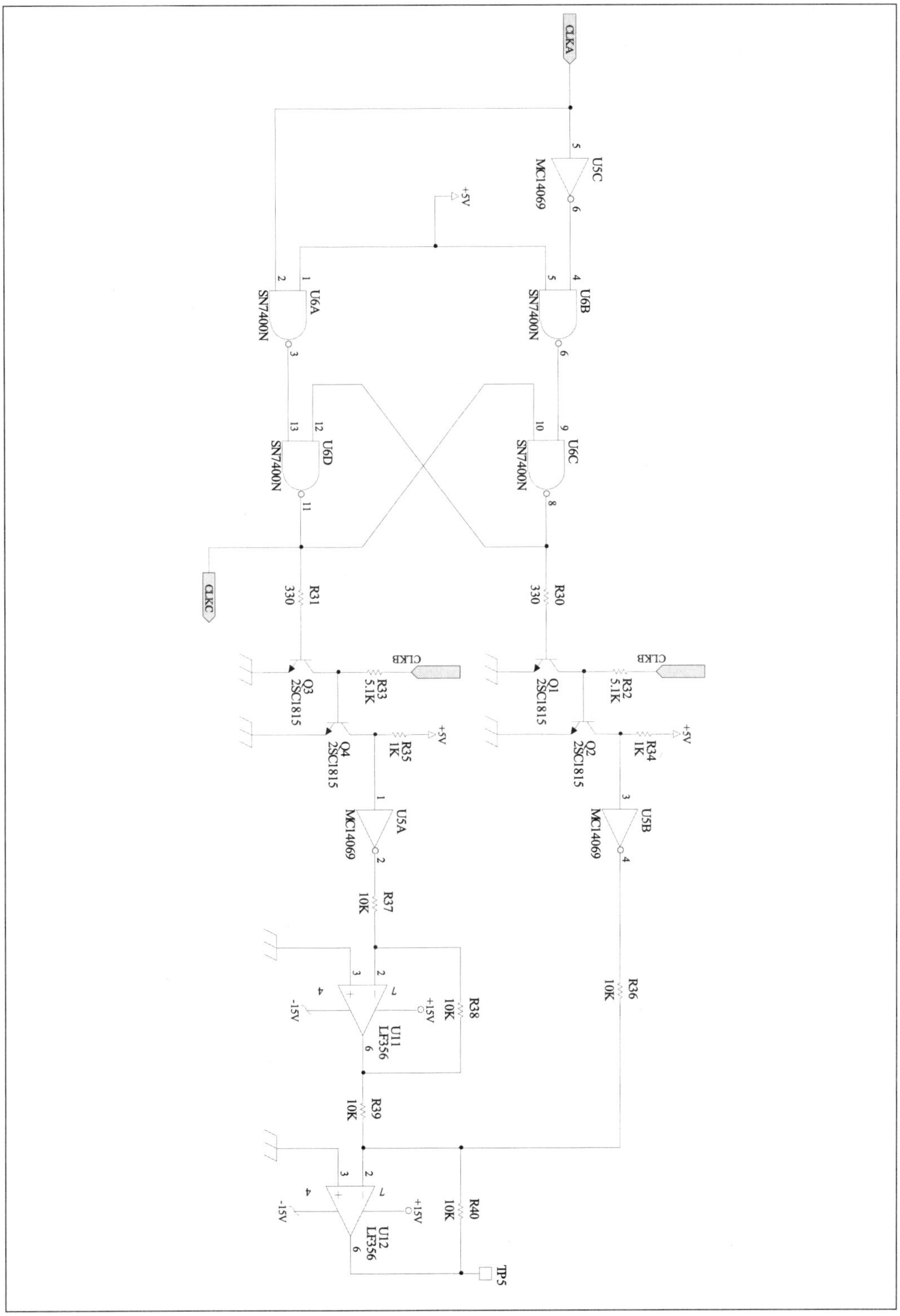

(1) 조정 및 측정

① TP4, TP5 측정 방법

TP5를 측정하고, TP4는 CH1, TP5는 CH2에 연결하여 동시에 측정하시오.

② TP5 파형

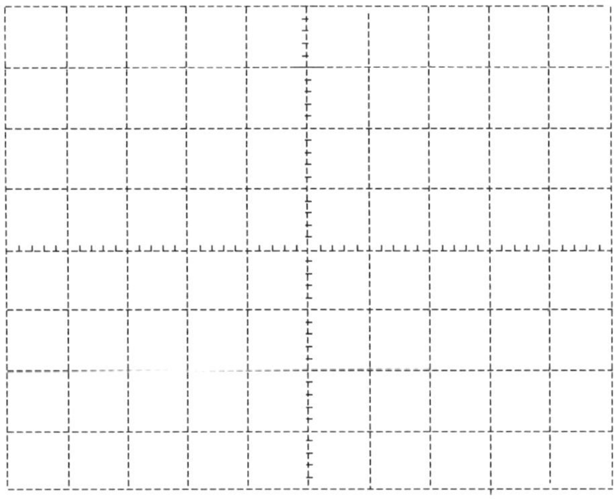

③ TP4 : CH1, TP5 : CH2 동시 측정 파형

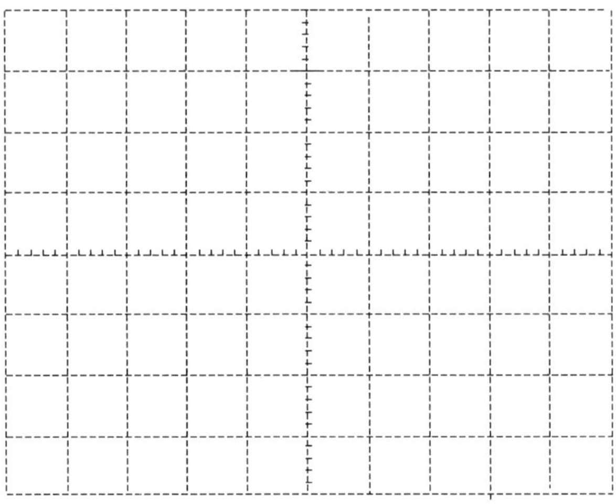

(2) 분석

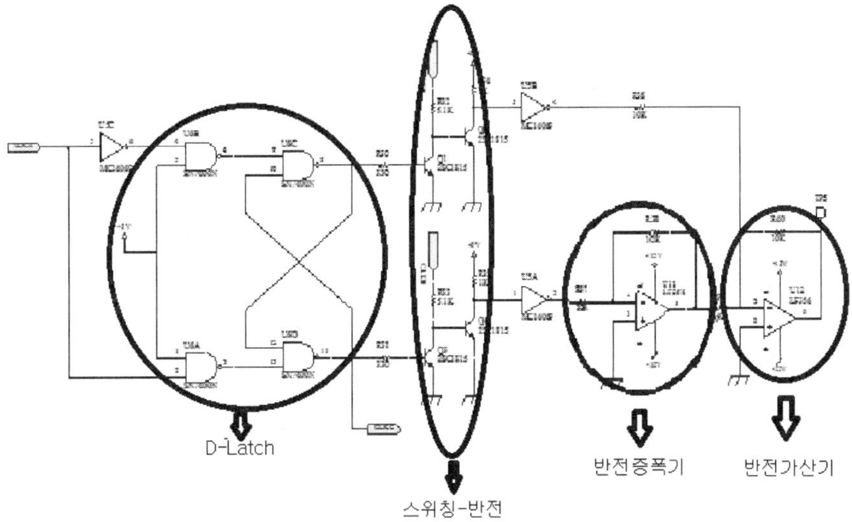

① D-Latch Truth Table

E_n	D	Q	Q^-
1	0	0	1
1	1	1	0
0	0	Q(불변)	Q^-(불변)
0	1	Q^-(불변)	Q^-(불변)

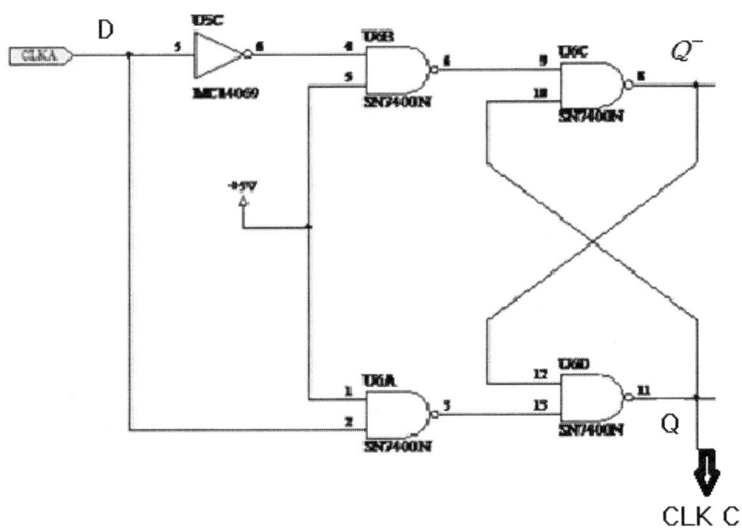

i) D = 0일 때 $Q^- = 1 \Rightarrow Q_1$; ON, Q_2 ; 반전

$Q = 0 \Rightarrow Q_3$; OFF, Q_2 ; 반전

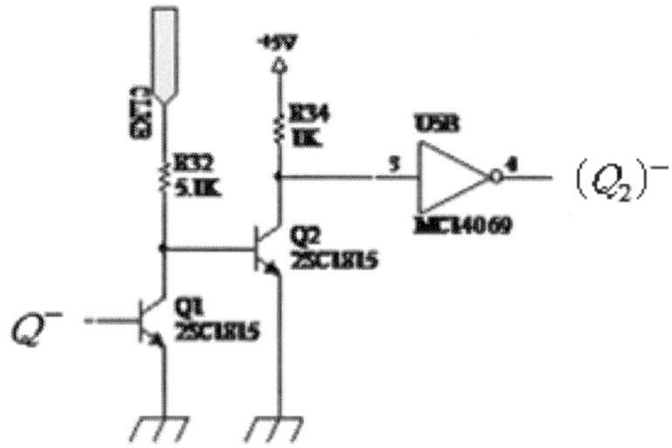

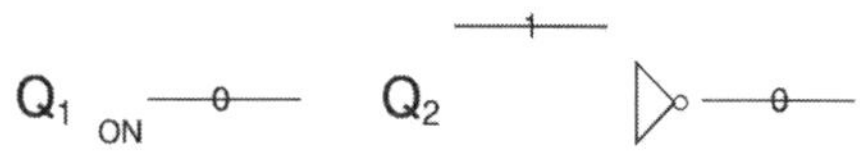

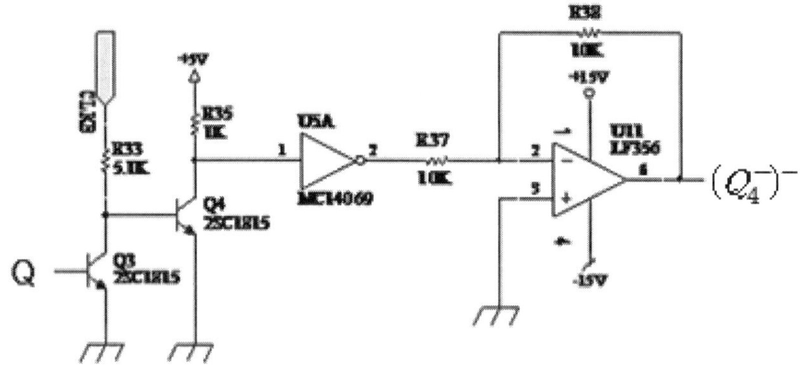

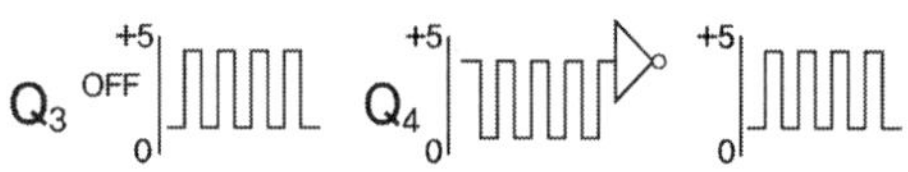 $\Rightarrow$ 반전증폭기 $-\dfrac{10K}{10K}v_i = -v_i$ 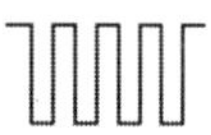

ii) D = 1일 때 $Q^{-}=0 \ \Rightarrow \ Q_1$; OFF, Q_2 ; 반전

$Q=1 \ \Rightarrow \ Q_3$; ON, Q_2 ; 반전

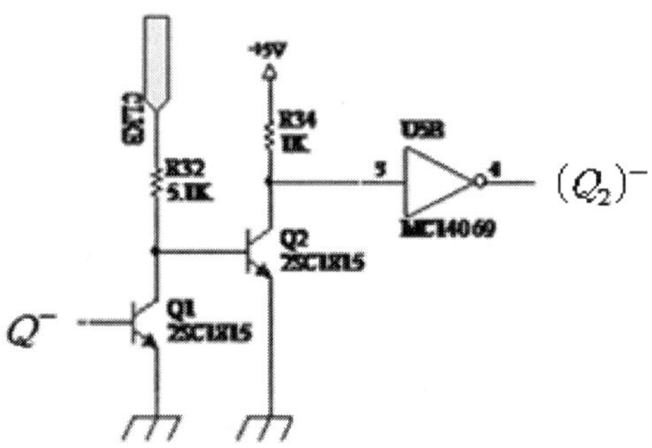

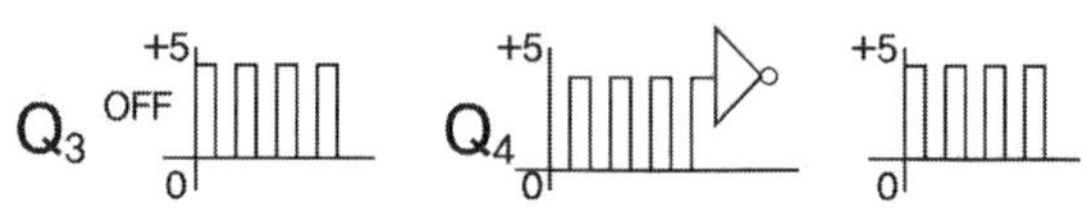

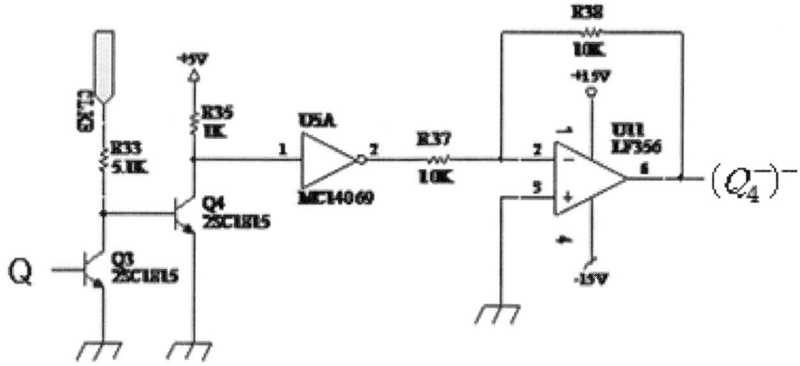

Q1 ON —0— Q2 —1— ▷—0— $\Rightarrow$ 반전증폭기 $-\dfrac{10K}{10K}v_i = -v_i$ —1—

② 반전가산기

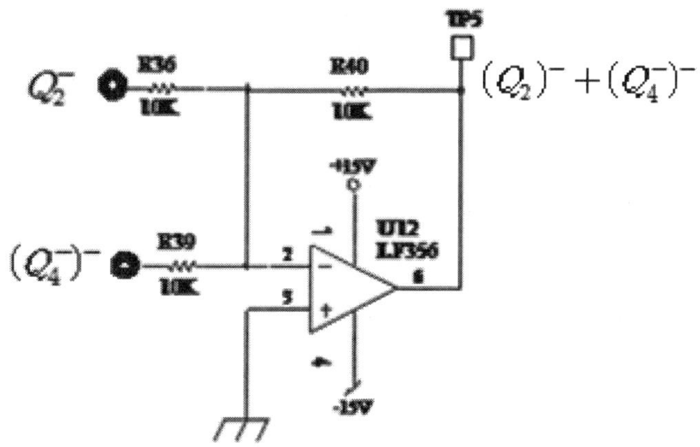

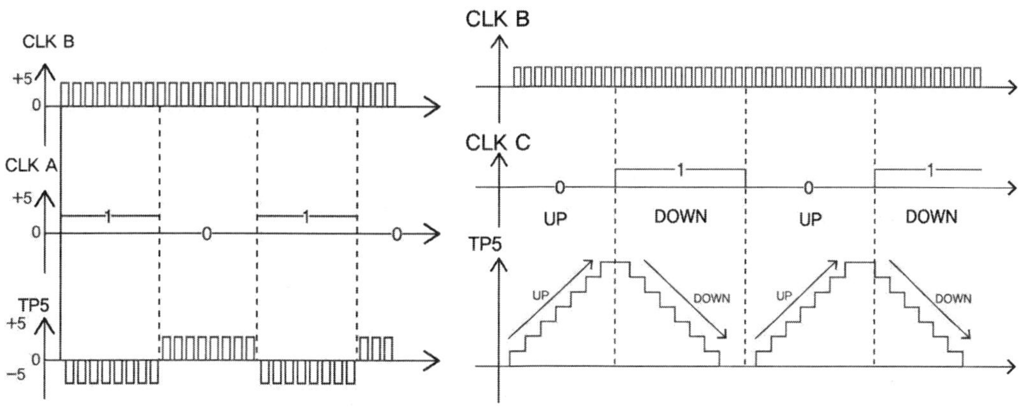

- TP5 파형

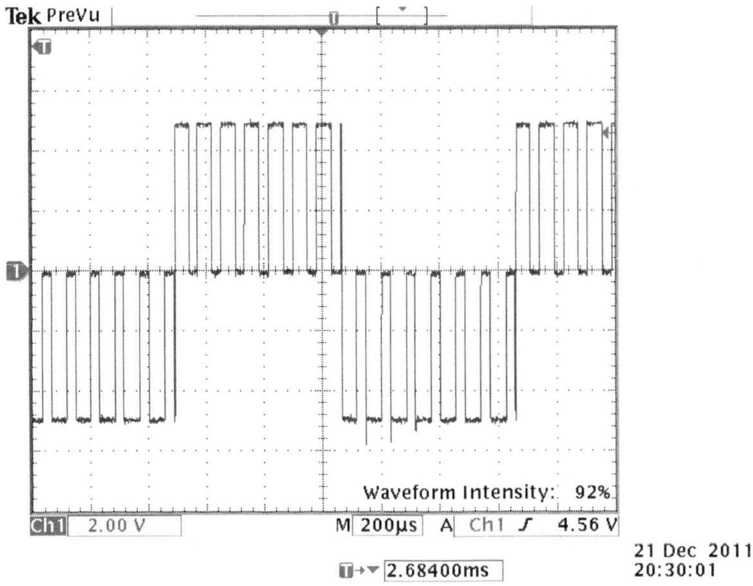

- TP4 : CH1, TP5 : CH2 동시 측정 파형

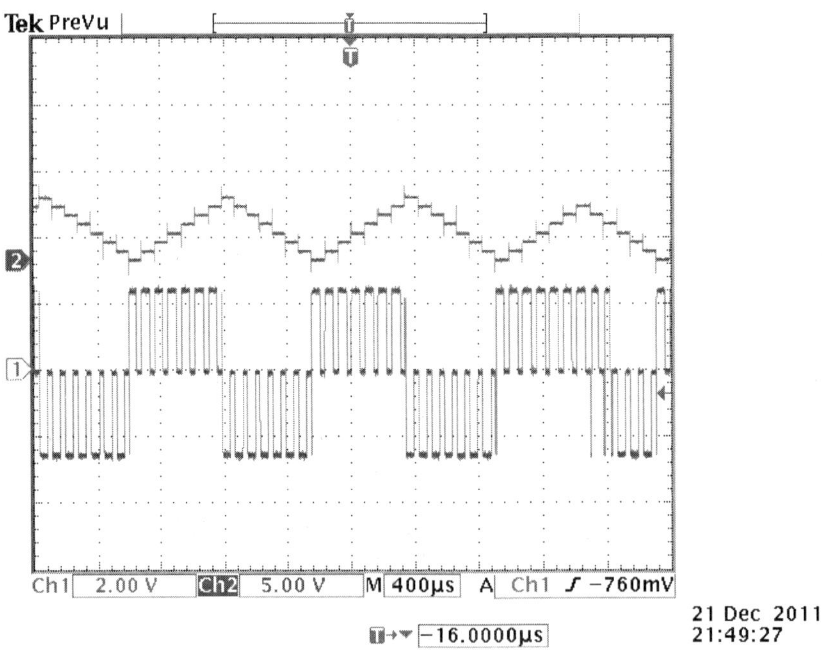

10장 PCM 실습

10.1 회로의 개념

펄스 부호 변조 회로(PCM)로서 신호파의 진폭을 양자화하고 양자화된 숫자를 2진법으로 표시하여 2진 부호에 따라 펄스를 발생하는 변조 방식이다.

10.2 회로 블록도

신호파 → LPF → 샘플링 → 양자화 → 부호화 → PCM

↑ 펄스화 (샘플링)

10.3 동작개요

(1) U1 ~ U7에서 신호파를 발생한다.

(2) U8 ~ U9에서 TP2의 신호를 LPF를 거쳐 증폭하는 역할을 한다.

(3) U10 과 Q1에서 샘플링 펄스를 발생한다.

(4) U11에서 TP3과 TP4를 조합하여 샘플링 파형을 발생한다.

(5) U12 ~ U18에서 TP5의 샘플링 신호를 양자화한다.

(6) U19 ~ U25에서 양자화된 신호를 부호화하여 출력한다.

10.4 재료목록

번호	재 료 명	규 격 (치 수)	단위	소요량
1	IC	NE555	개	4
2	IC	SN74LS190N	개	1
3	IC	SN74LS42N	개	1
4	IC	MC14027BCP	개	1
5	IC	HD74LS04P	개	2
6	IC	LF356N	개	5
7	IC	SN74LS148N	개	1
8	IC	4538	개	2
9	TR	2SC1815	개	3
10	LED	적색	개	7
11	DIODE	1S1588	개	3
12	ZENER DIODE	RD5.1E	개	7
13	전해 콘덴서	0.22㎌/50V	개	3
14	전해 콘덴서	0.47㎌/50V	개	2
15	전해 콘덴서	1㎌/50V	개	2
16	세라민 콘덴서	0.01㎌	개	7
17	세라믹 콘덴서	0.047㎌	개	1
18	세라믹 콘덴서	0.1㎌	개	21
19	가변 저항	2.2MΩ	개	2
20	가변 저항	100KΩ	개	3
21	가변 저항	47KΩ	개	1
22	가변 저항	10KΩ	개	1
23	저항	1KΩ	개	8
24	저항	4.7MΩ	개	1
25	저항	33KΩ	개	1
26	저항	36KΩ	개	1

번호	재 료 명	규 격 (치 수)	단위	소요량
27	저항	43KΩ	개	1
28	저항	51KΩ	개	2
29	저항	62KΩ	개	1
30	저항	82KΩ	개	4
31	저항	120KΩ	개	1
32	저항	180KΩ	개	1
33	저항	330KΩ	개	1
34	저항	20KΩ	개	4
35	저항	10KΩ	개	15
36	저항	1MΩ	개	2
37	저항	680KΩ	개	1
38	저항	47KΩ	개	1
39	저항	22KΩ	개	1
40	저항	27KΩ	개	1
41	저항	4.7KΩ	개	3
42	저항	8.2KΩ	개	1
43	저항	330Ω	개	7
44	저항	2.2KΩ	개	3
45	IC 소켓	8PIN	개	16
46	IC 소켓	14PIN	개	3
47	IC 소켓	16PIN	개	6
48	전원 단자	GREEN 4PIN	개	1
49	TP	LC-2-G	개	6

10.5 전체회로도

1) Part-1

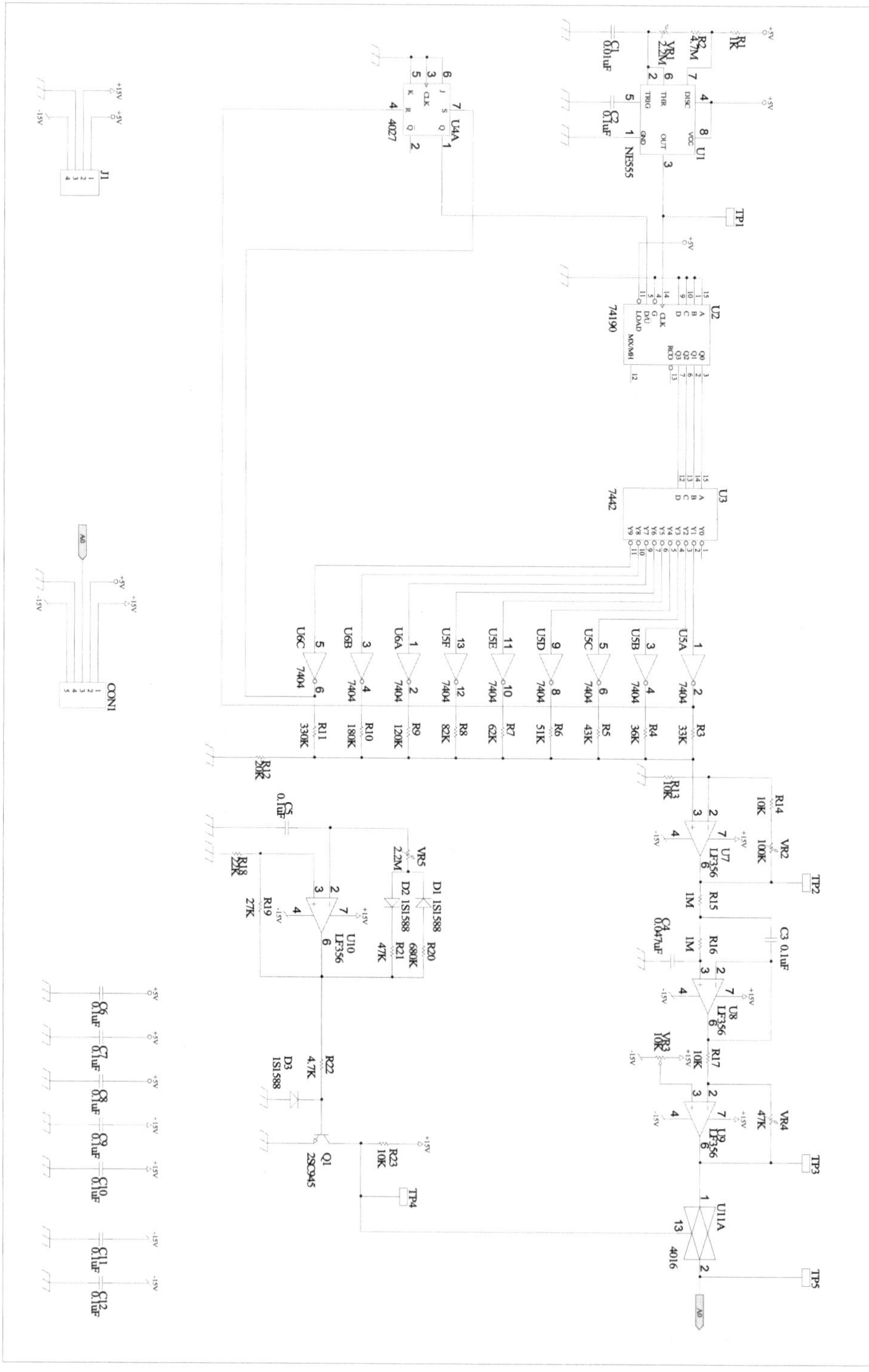

2) Part-2

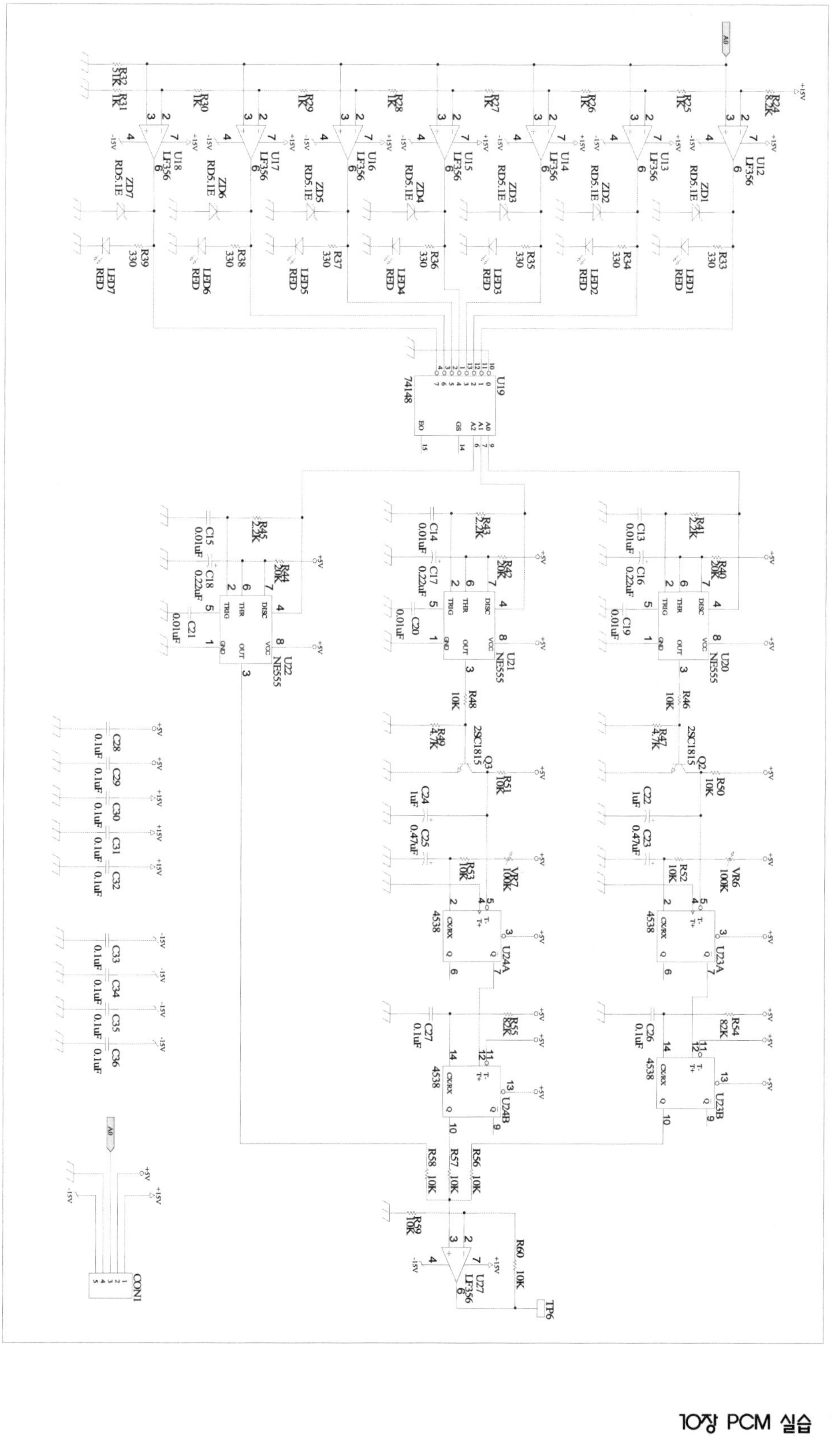

10.6 실습

1) Part 1(TP1) 실습

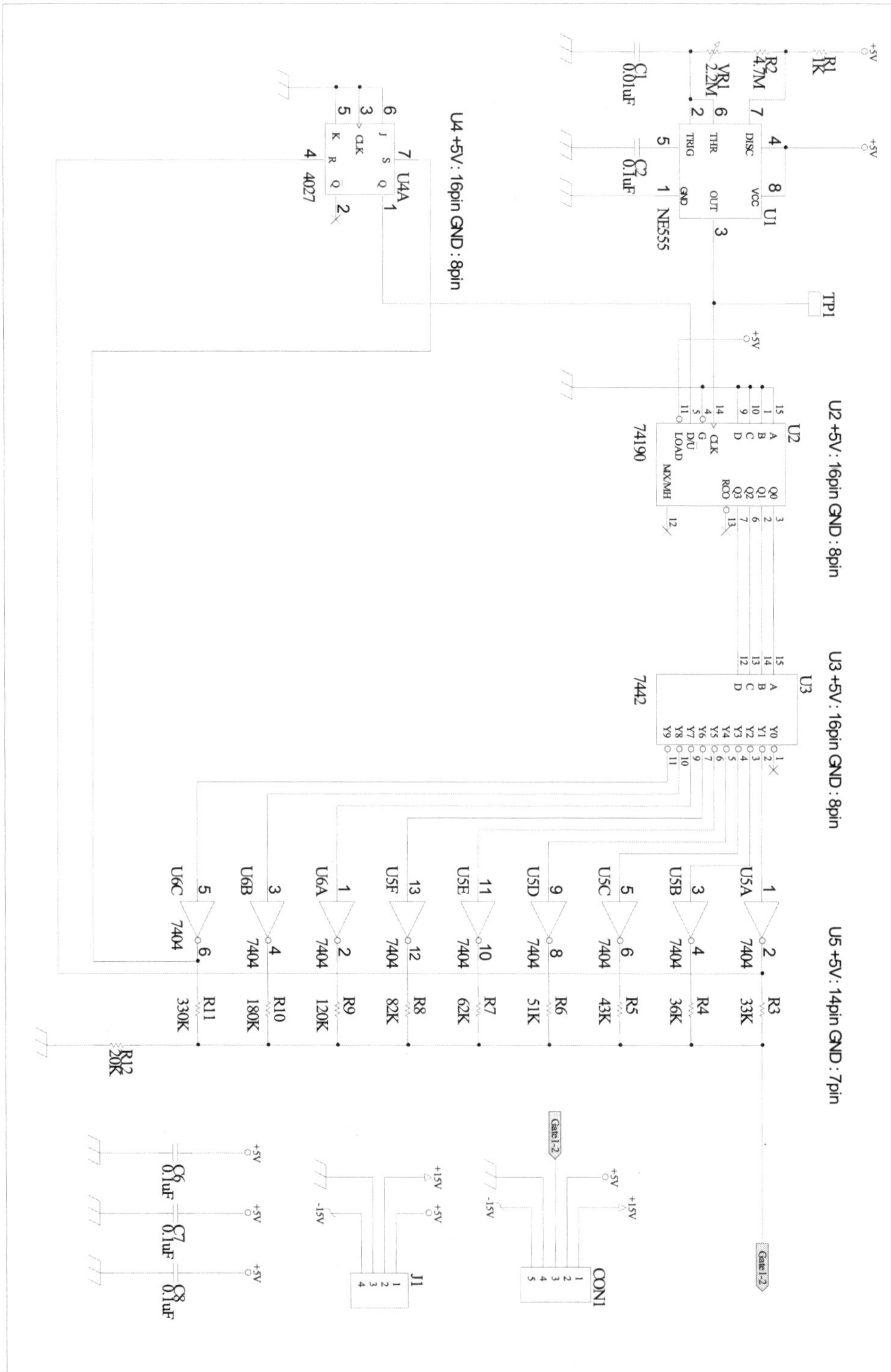

(1) 조정 및 측정

① TP1 측정 방법

VR1을 조정하여 주파수가 10.5 [Hz]가 되도록 조정하고 TP1 파형을 측정하여 기록하시오.

② TP1 파형

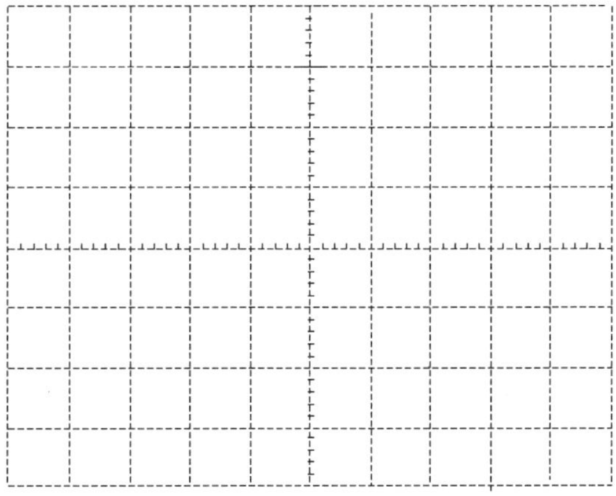

(2) 분석

① NE 555 PIN 접속단자

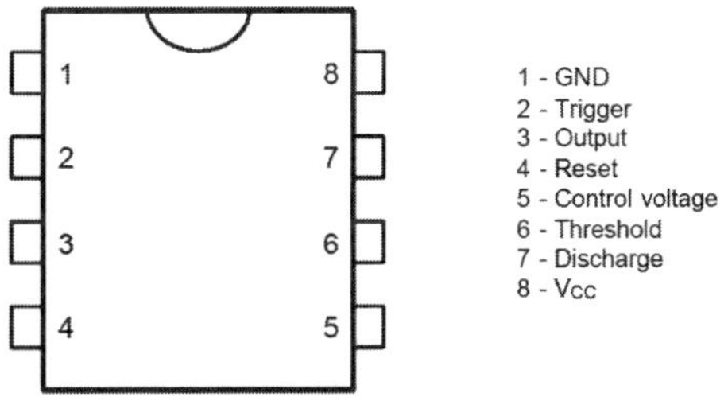

② NE 555 내부회로

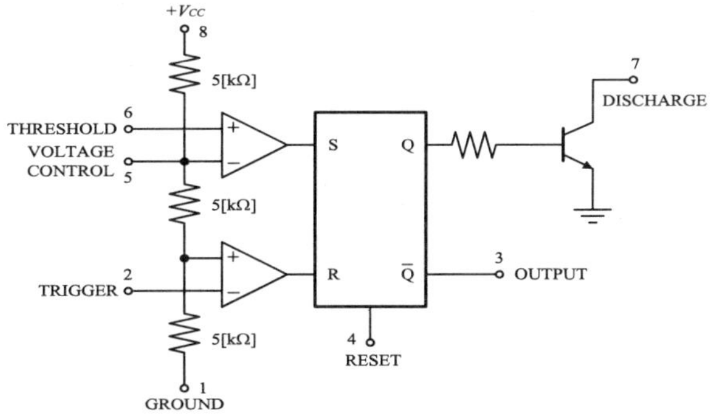

③ 비안정 멀티바이브레이터 동작

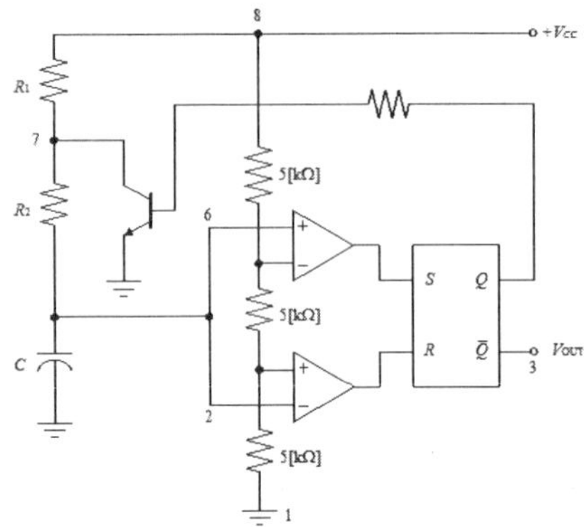

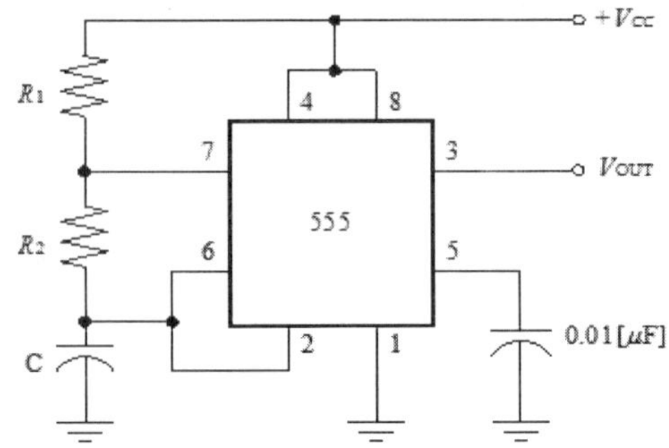

1) 위쪽 OP AMP의 반전(-) 입력단자 전압은 $\frac{2}{3}V_{CC}$이고, 아래쪽 OP AMP의 비반전(+) 입력단자 전압은 $\frac{1}{3}V_{CC}$이다.

2) 커패시터 C 양단 전압이 $\frac{1}{3}V_{CC}$ 이하일 때는 RS 플립플롭이 리셋되어 Q가 낮은 전압이 되므로 트랜지스터가 차단이 되어 (R_1+R_2)를 통해 커패시터가 충전되고 그 시간은 $0.693(R_1+R_2)C$ 로 계산된다.

3) 이 충전 때문에 커패시터 양단의 전압이 증가되고 $\frac{2}{3}V_{CC}$ 이상일 때, 위쪽 OP AMP는 높은 출력전압을 내고 플립플롭을 세트시킨다.
Q가 높을 때에는 트랜지스터가 도통되어 커패시터가 R_2를 통해 방전하며, 그 시간은 $0.693R_2C$ 가 된다.

4) 방전으로 인해 커패시터 전압이 $\frac{1}{3}V_{CC}$ 이하로 되면 아래쪽 OP AMP가 높은 출력전압을 내어 플립필롭을 리셋시킨다.

5) 따라서 그림과 같이 커패시터 파형은 지수함수적으로 증감하고, 출력파는 구형파가 된다. 충전 시간이 방전 시간보다 길기 때문에 높은 전압 상태가 낮은 전압 상태보다 길게 되어, 출력은 비대칭이 된다.
이 비대칭 출력에서 듀티 사이클(duty cycle)은 다음과 같이 정의된다.

$$D=\frac{W}{T}\times 100\%$$

또한 듀티 사이클은 R_1과 R_2에 의해 결정되며, 50~100% 사이이다. 따라서 주파수 f와 듀티 사이클 D는 다음과 같다.

$$f = \frac{1.44}{(R_1 + 2R_2)\,C} \qquad D = \frac{R_1 + R_2}{R_1 + 2R_2} \times 100\%$$

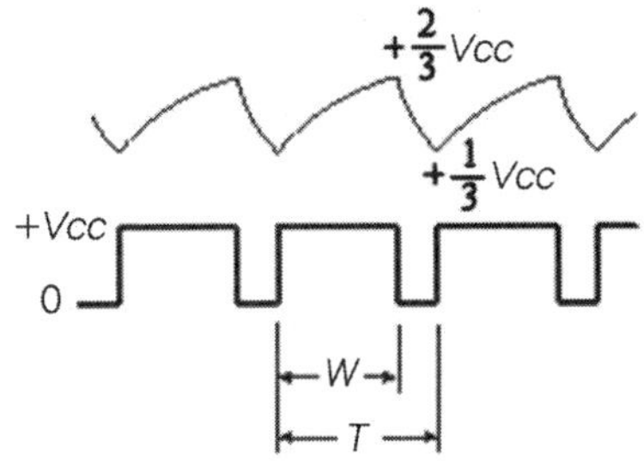

한편, 4번 리셋 단자는 개방 또는 'H'이면, 발진을 하나 어스시키면 무조건 출력을 'L', 즉 '0'로 리셋시키며, 또한 5번 전압제어 단자에 bypass 용량을 크게 함으로써 비교기 레벨을 전원에서 얻기 때문에 생기는 전원 노이즈에 의한 오동작을 줄일 수 있다.

④ TP1 파형

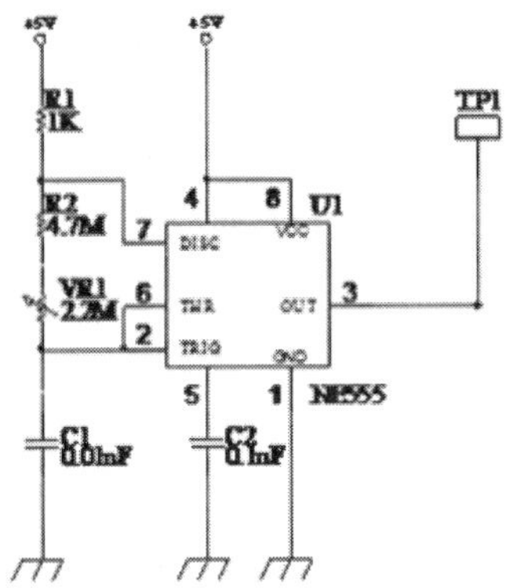

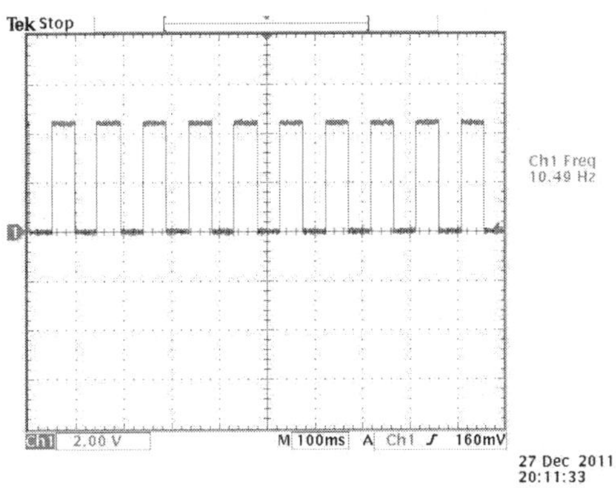

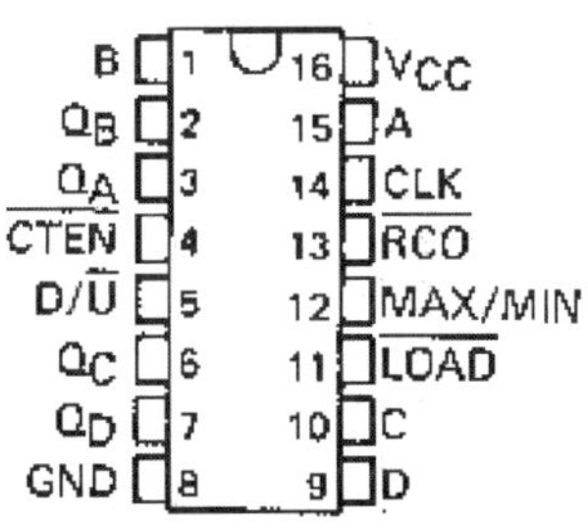

$\overline{RCO}$: Ripple Clock $\overline{CTEN}$: Enable

Load	Enable G	Down/ Up	Clock	Function
H	L	L	↑	Count Up
H	L	H	↑	Count Down
L	X	X	X	Load
H	H	X	X	No Change

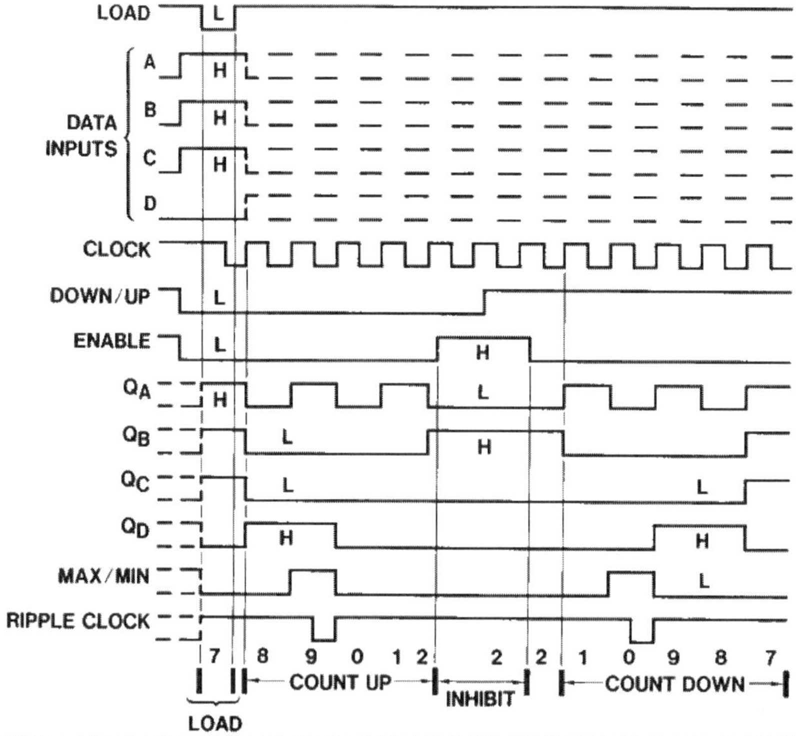

⑤ 74HC/HCT42

BCD to decimal decoder(1-of-10)

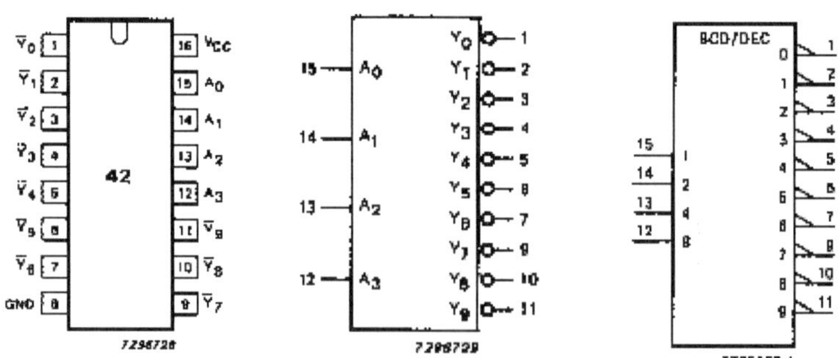

16번 : $+V_{CC}$, 8번 : GND

FUNCTION TABLE

INPUTS				OUTPUTS									
A_3	A_2	A_1	A_0	$\overline{Y_0}$	$\overline{Y_1}$	$\overline{Y_2}$	$\overline{Y_3}$	$\overline{Y_4}$	$\overline{Y_5}$	$\overline{Y_6}$	$\overline{Y_7}$	$\overline{Y_8}$	$\overline{Y_9}$
L	L	L	L	L	H	H	H	H	H	H	H	H	H
L	L	L	H	H	L	H	H	H	H	H	H	H	H
L	L	H	L	H	H	L	H	H	H	H	H	H	H
L	L	H	H	H	H	H	L	H	H	H	H	H	H
L	H	L	L	H	H	H	H	L	H	H	H	H	H
L	H	L	H	H	H	H	H	H	L	H	H	H	H
L	H	H	L	H	H	H	H	H	H	L	H	H	H
L	H	H	H	H	H	H	H	H	H	H	L	H	H
H	L	L	L	H	H	H	H	H	H	H	H	L	H
H	L	L	H	H	H	H	H	H	H	H	H	H	L
H	L	H	L	H	H	H	H	H	H	H	H	H	H
H	L	H	H	H	H	H	H	H	H	H	H	H	H
H	H	L	L	H	H	H	H	H	H	H	H	H	H
H	H	L	H	H	H	H	H	H	H	H	H	H	H
H	H	H	L	H	H	H	H	H	H	H	H	H	H
H	H	H	H	H	H	H	H	H	H	H	H	H	H

Note

1. H = HIGH voltage level
   L = LOW voltage level

4027(CMOS Dual Master-Slave Flip-Flop)

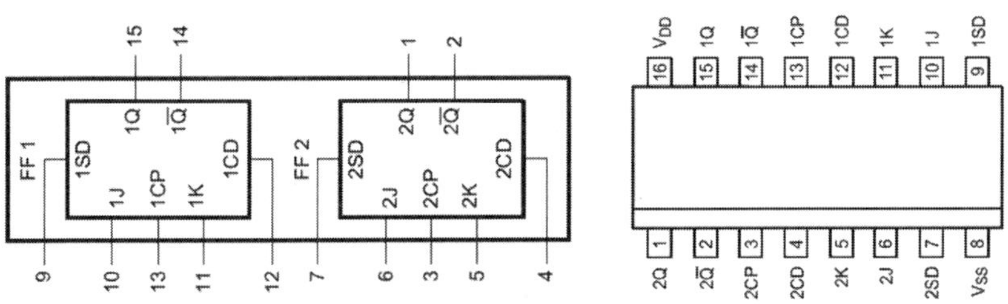

nCD: Reset, nSD : set V_{ss} : GND, V_{DD} : 공급전압

현상태					클럭	다음상태		
입력				출력		출력		
J	K	S	R	0		Q	$\overline{Q}$	
1	X	0	0	0	↑	1	0	
X	0	0	0	1	↑	1	0	
0	X	0	0	0	↑	0	1	
X	1	0	0	1	↑	0	1	
X	X	0	0	X	↓			NO CHANGE
X	X	1	0	X	X	1	0	
X	X	0	1	X	X	0	1	
X	X	1	1	X	X	1	1	

사용

Logic "1" : High Level, Logic "0" : Low Level, X : don't care

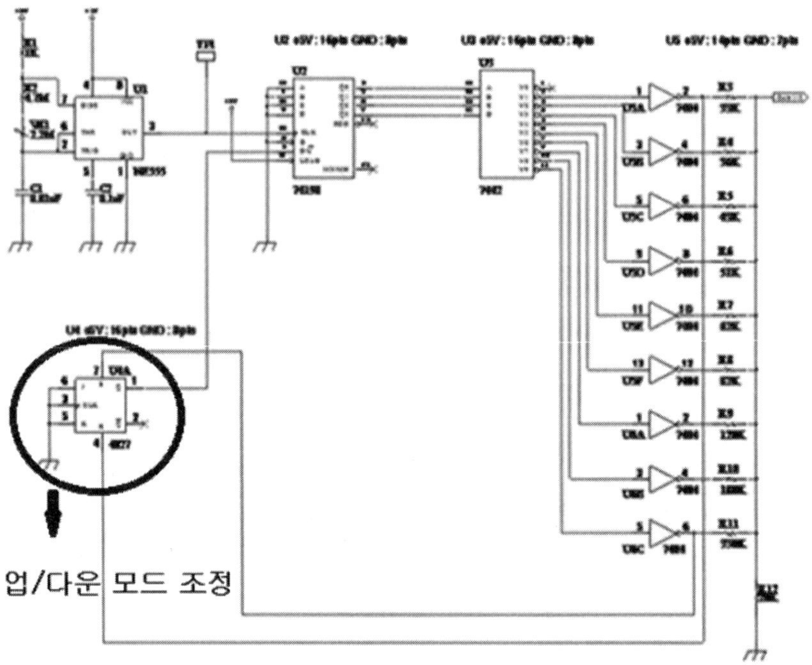

gate1-2 출력파형

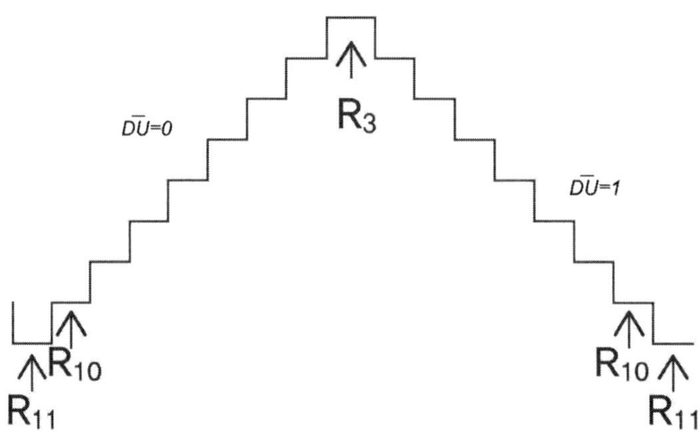

2) Part 2(TP2, TP3) 실습

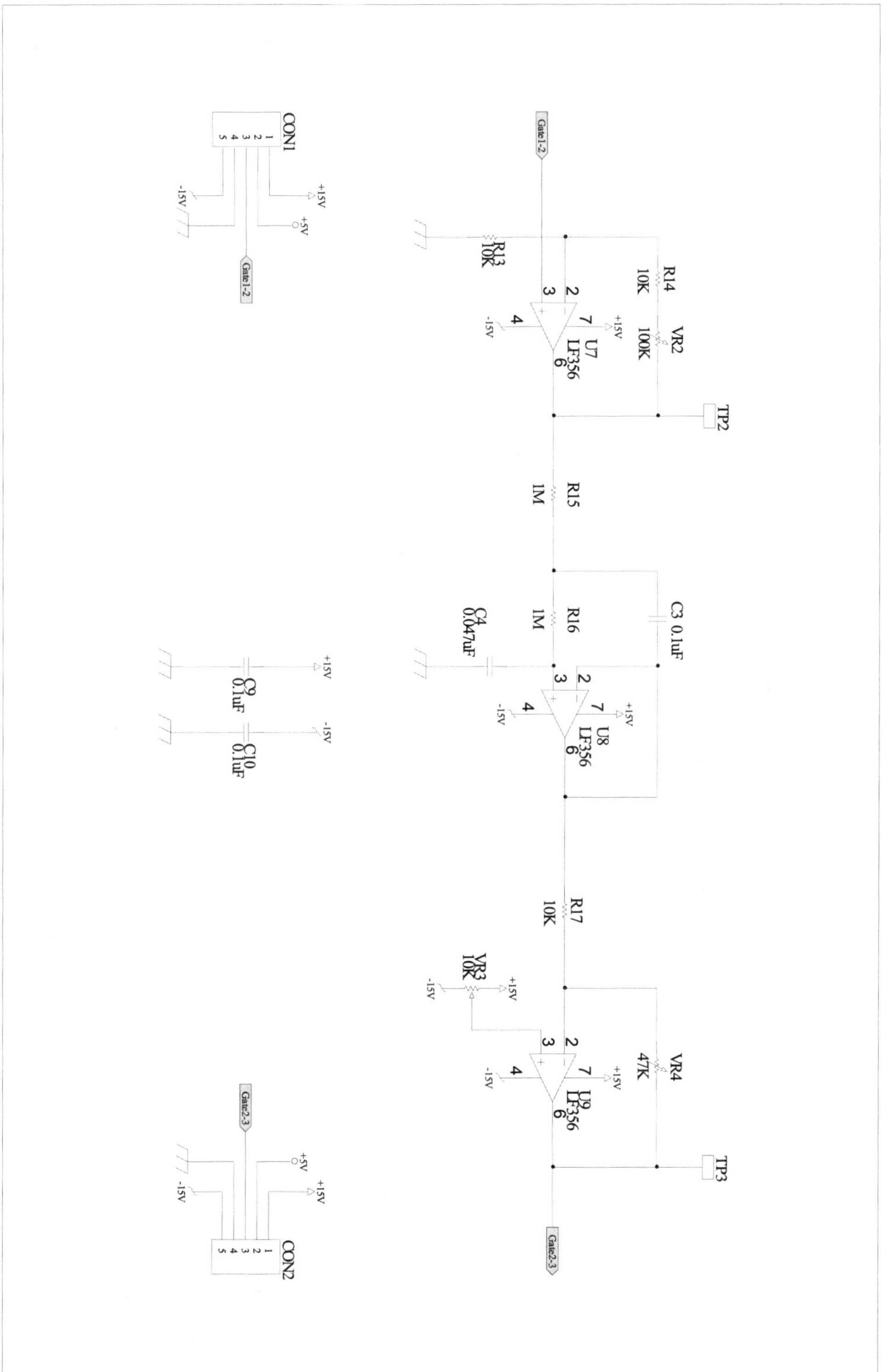

(1) 조정 및 측정

① TP2 측정

VR2를 조정하여 TP2의 Vp-p 값이 2.5 [V]가 되도록 설정하고 TP2 파형을 측정하여 기록하시오.

② TP2 파형

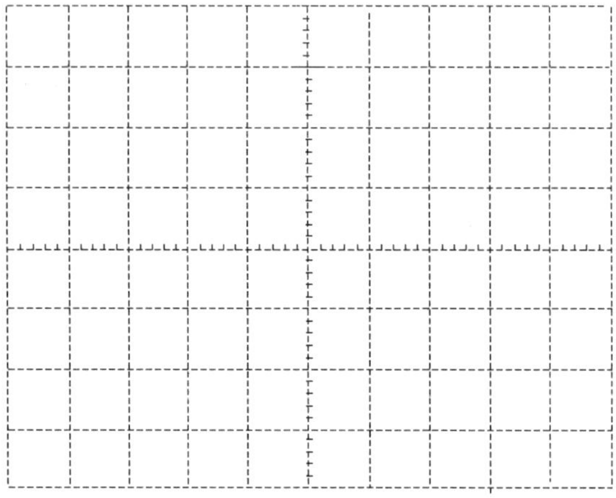

③ TP3 측정

VR3와 VR4를 조정하여 TP3의 파형이 최저값 0 [V], Vp-p 값이 8.7 [V]가 되도록 설정하고 TP3 파형을 측정하여 기록하시오.

④ TP3 파형

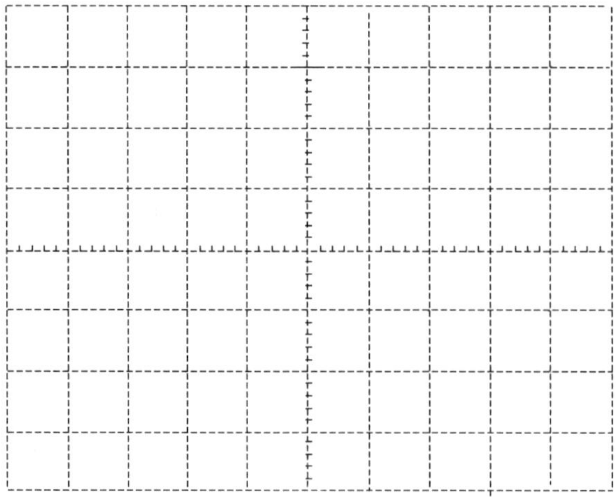

(2) 분석

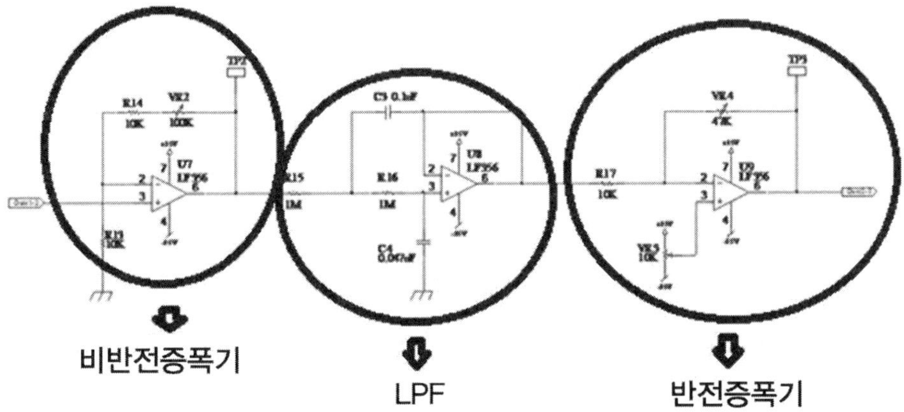

① TP2 측정

VR2를 조정하여 TP2의 Vp-p 값이 2.5 [V]가 되도록 설정하고 TP2 파형을 측정.

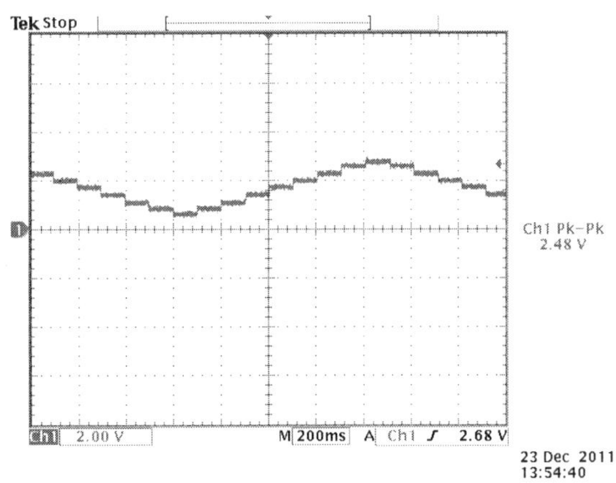

2차 능동저역통과 필터

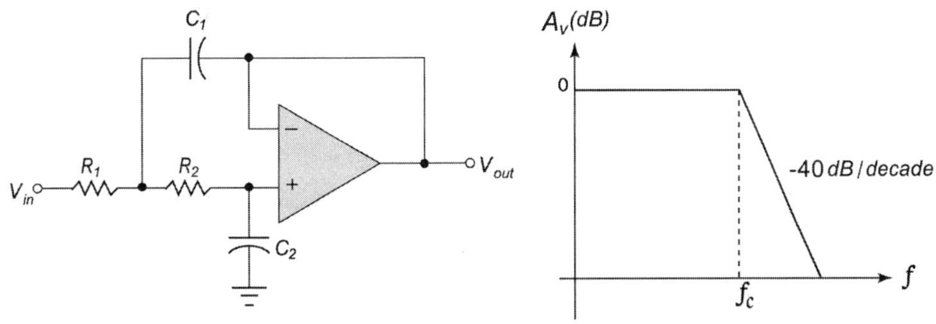

$$f_c = \frac{1}{2\pi\sqrt{R_1R_2C_1C_2}}$$

따라서 회로에서는

$$\begin{aligned} f_c &= \frac{1}{2\pi\sqrt{R_1R_2C_1C_2}} \\ &= \frac{1}{2\times3.14\times\sqrt{1\times10^6\times0.1\times10^{-6}\times1\times10^6\times0.047\times10^{-6}}} \\ &= 2.321\,[\text{Hz}] \end{aligned}$$

② TP3 측정

VR3와 VR4를 조정하여 TP3의 파형이 최저값 0 [V], Vp-p 값이 8.7 [V]가 되도록 설정하고 TP3 파형을 측정.

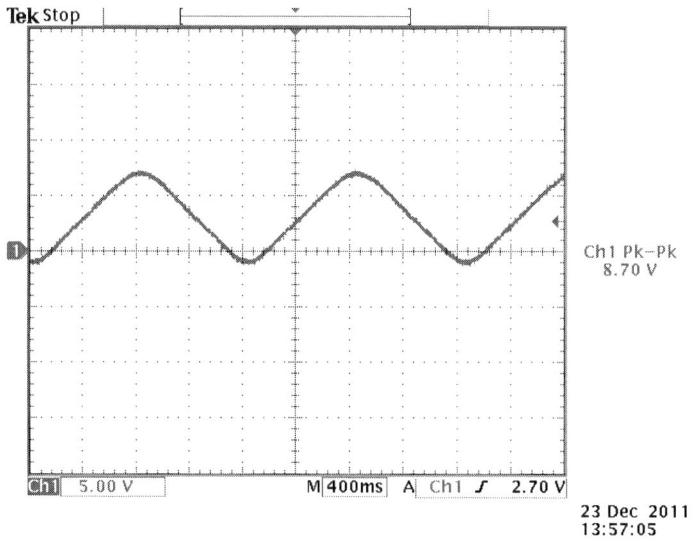

3) Part 3(TP4, TP5) 실습

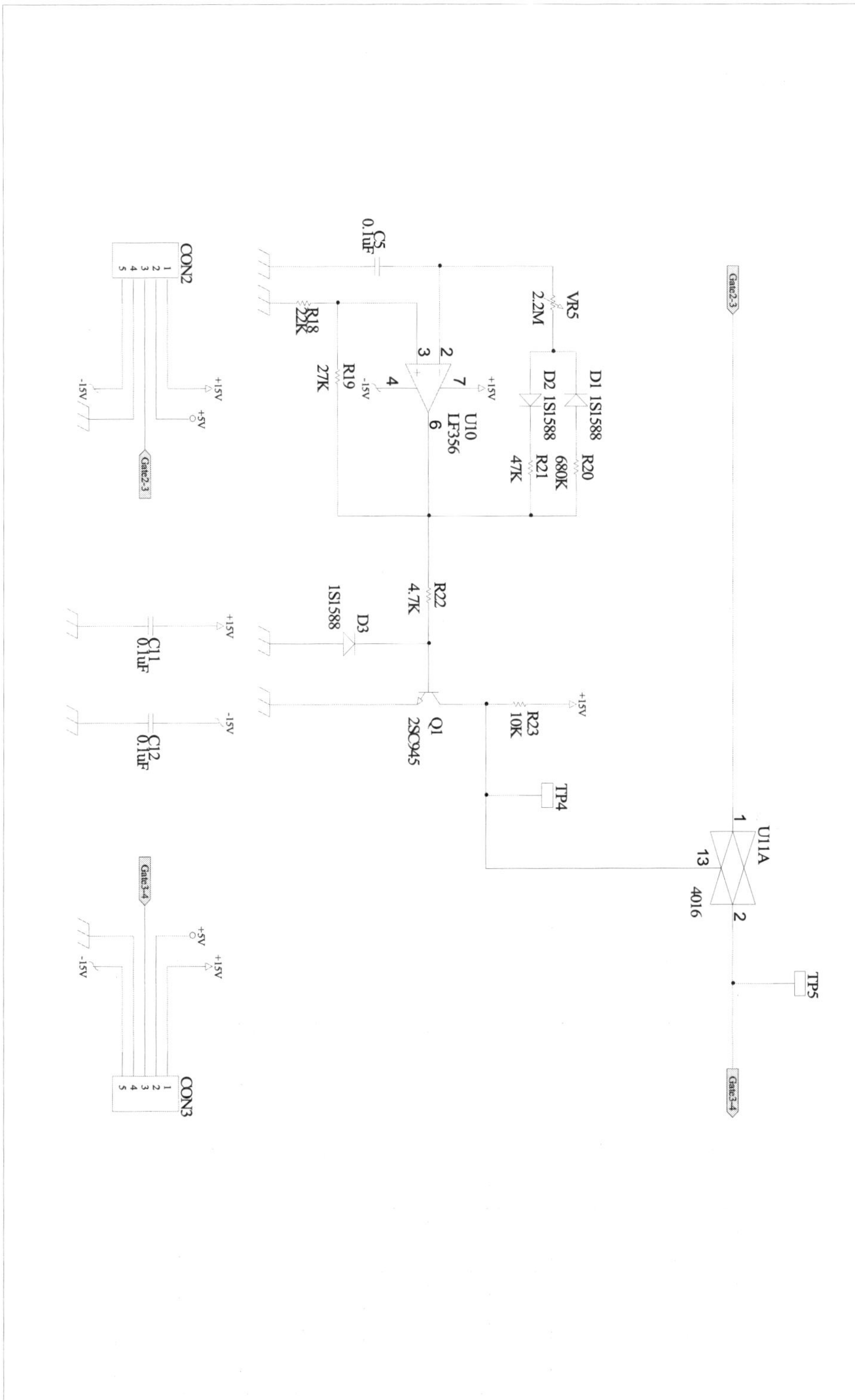

(1) 조정 및 측정

① TP4, TP5 측정

VR5를 조정하여 TP4에서 주파수 10.5[Hz] 되도록 조정하고, TP4 파형과 TP5 파형을 측정하여 기록하시오.

② TP4 파형

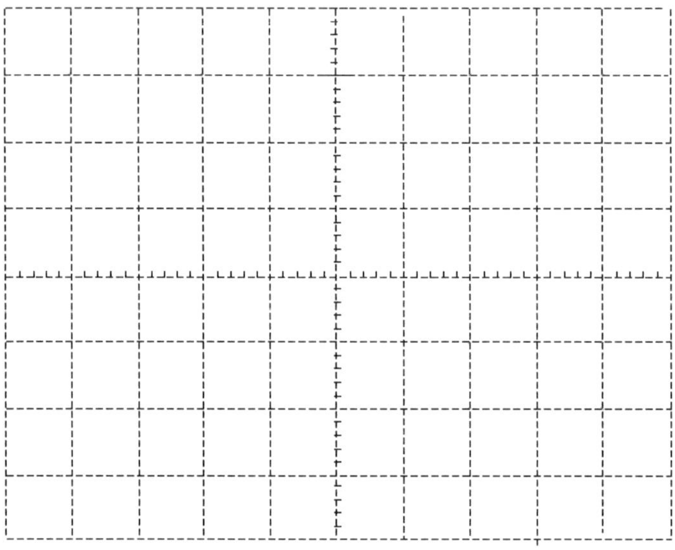

③ TP5 파형

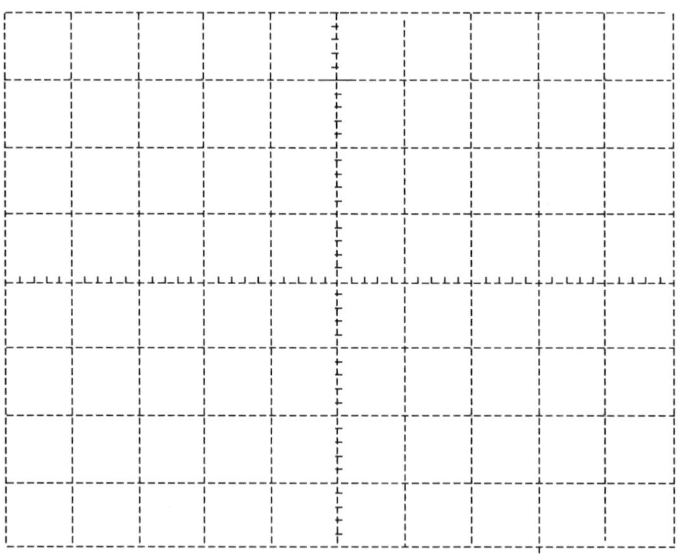

(2) 분석

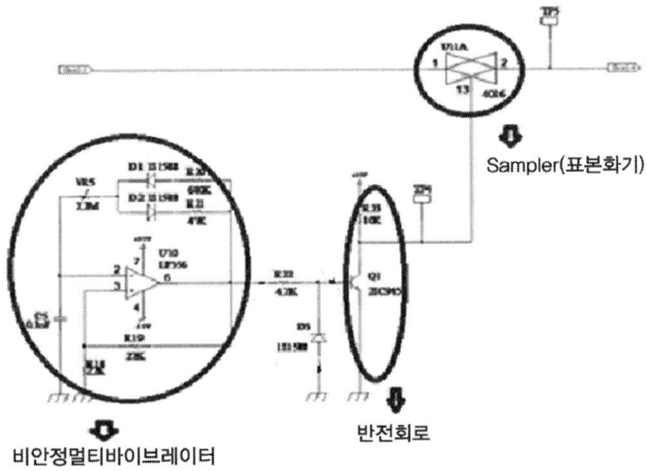

① 비안정멀티바이브레이터

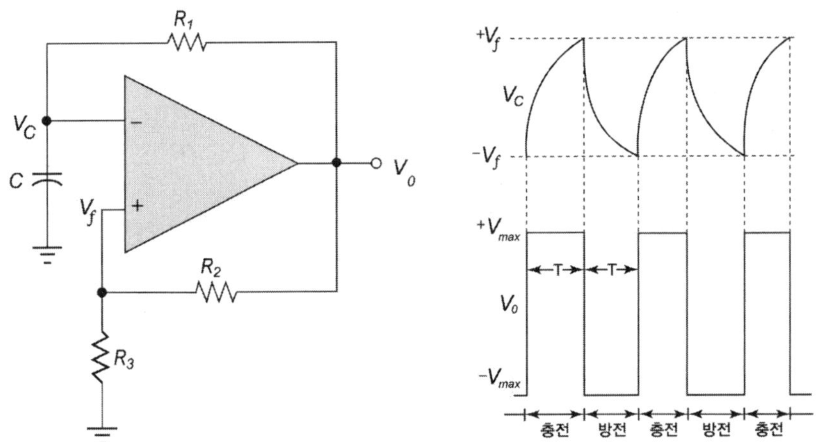

② 반전회로(TR이 에미터접지가 되어 있으므로 반전상태가 된다)

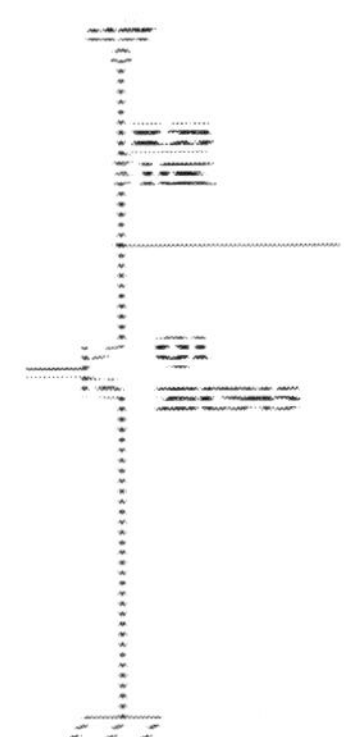

③ TP4 파형

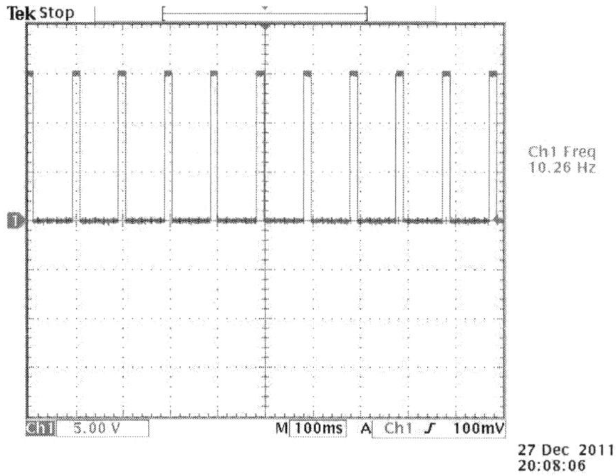

(3) 샘플러

MC14016B (CD4016) : **Quad Analog Switch/ Quad Multiplexer**

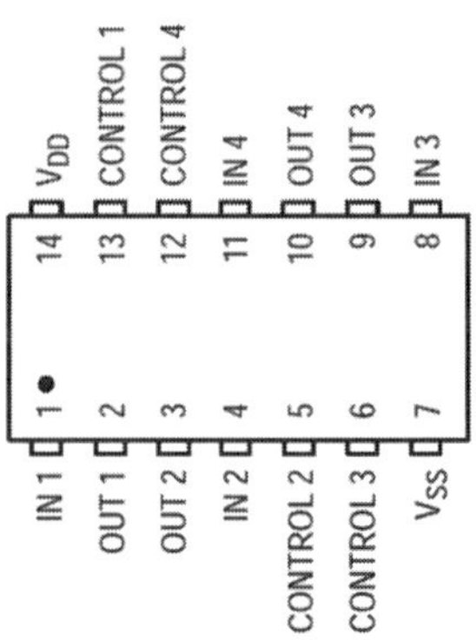

LOGIC DIAGRAM
(1/4 OF DEVICE SHOWN)

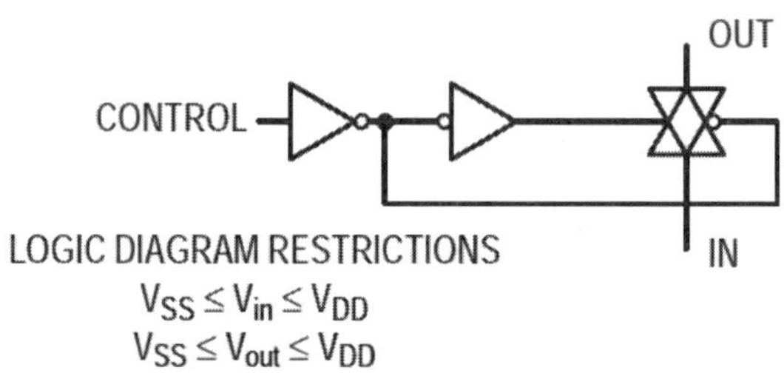

BLOCK DIAGRAM

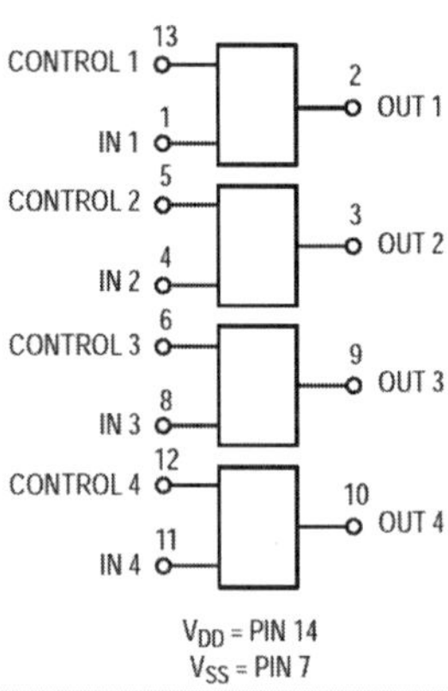

Control	Switch
0 = V_{SS}	Off
1 = V_{DD}	On

① TP5 파형

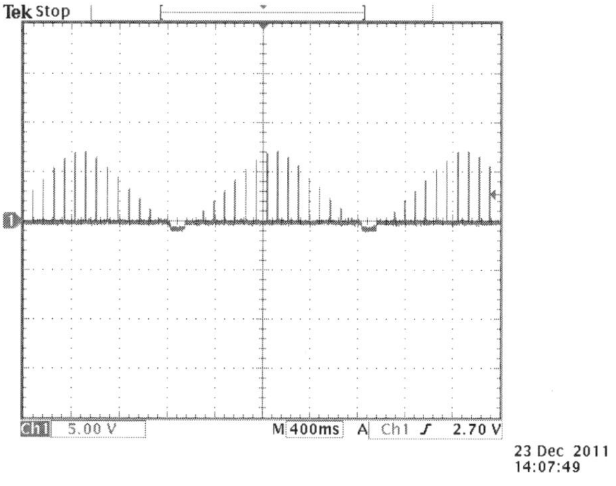

4) Part 4(Compare) 실습

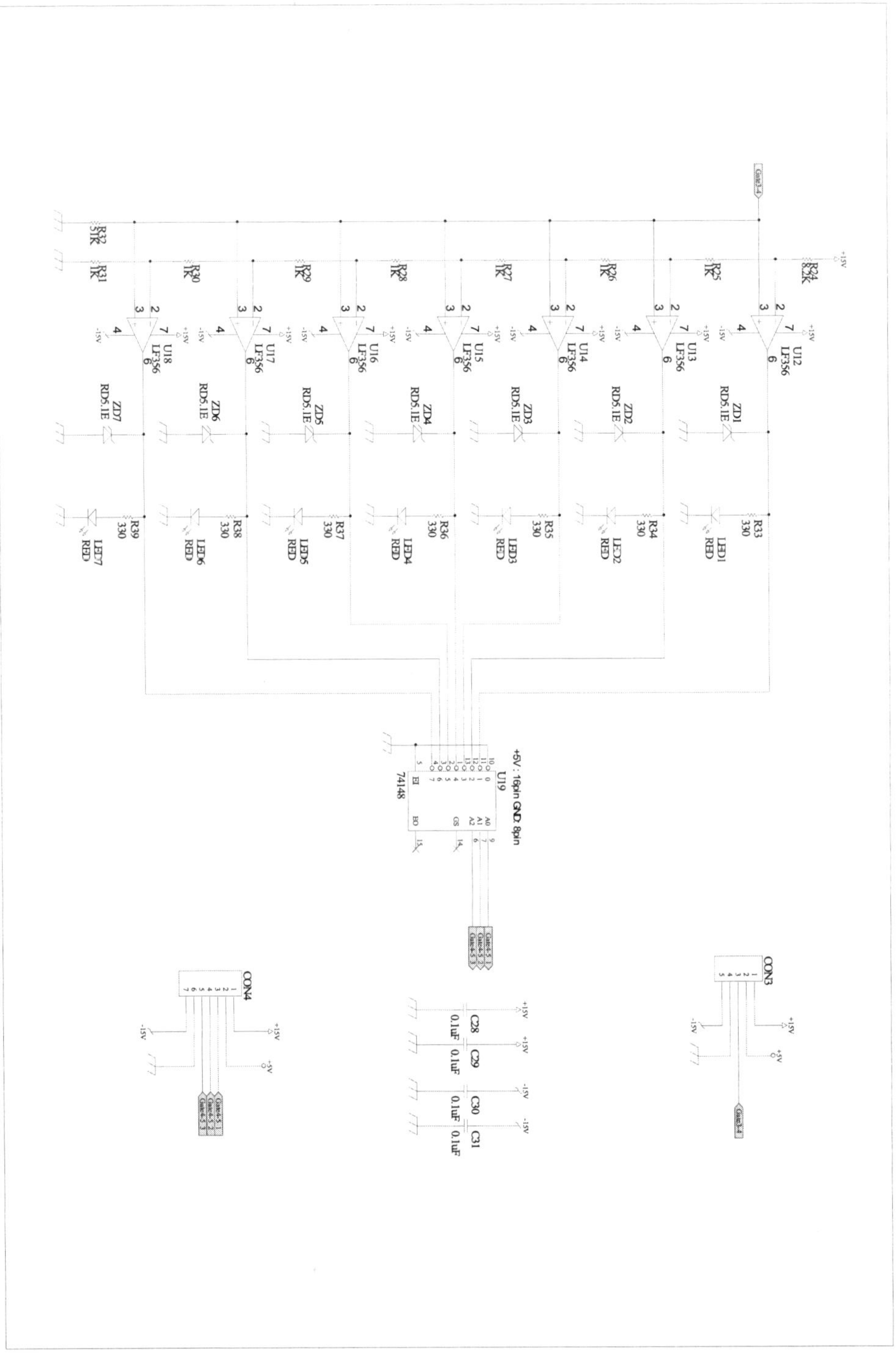

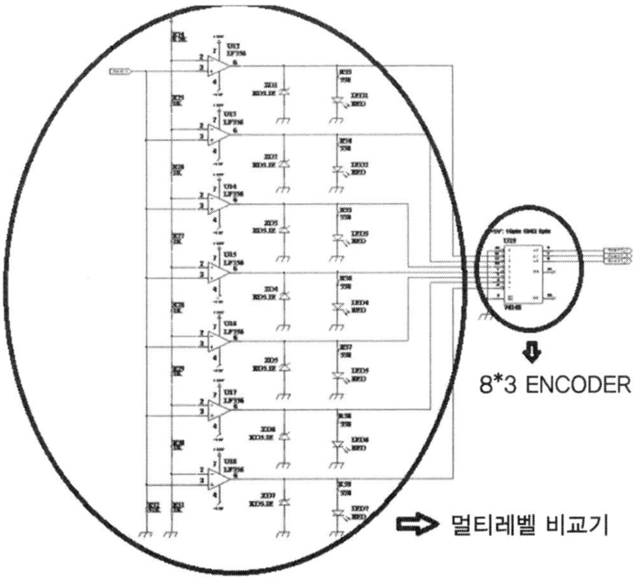

74148(**8-LINE TO 3-LINE PRIORITY ENCODERS**)

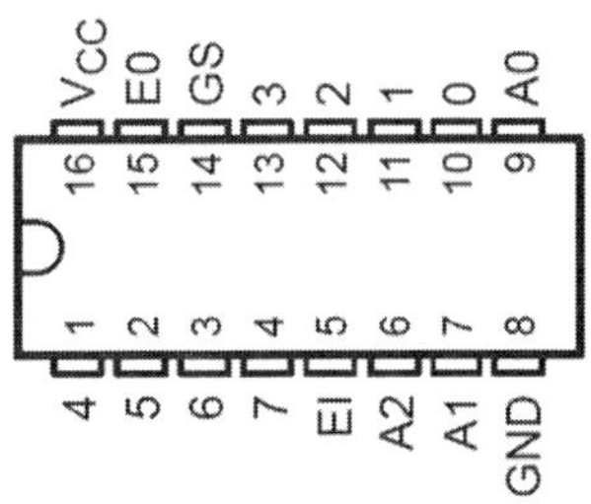

FUNCTION TABLE – '148, 'LS148

INPUTS									OUTPUTS				
EI	0	1	2	3	4	5	6	7	A2	A1	A0	GS	EO
H	X	X	X	X	X	X	X	X	H	H	H	H	H
L	H	H	H	H	H	H	H	H	H	H	H	H	L
L	X	X	X	X	X	X	X	L	L	L	L	L	H
L	X	X	X	X	X	X	L	H	L	L	H	L	H
L	X	X	X	X	X	L	H	H	L	H	L	L	H
L	X	X	X	X	L	H	H	H	L	H	H	L	H
L	X	X	X	L	H	H	H	H	H	L	L	L	H
L	X	X	L	H	H	H	H	H	H	L	H	L	H
L	X	L	H	H	H	H	H	H	H	H	L	L	H
L	L	H	H	H	H	H	H	H	H	H	H	L	H

H = high logic level, L = low logic level, X = irrelevant

5) Part 5(TP6) 실습

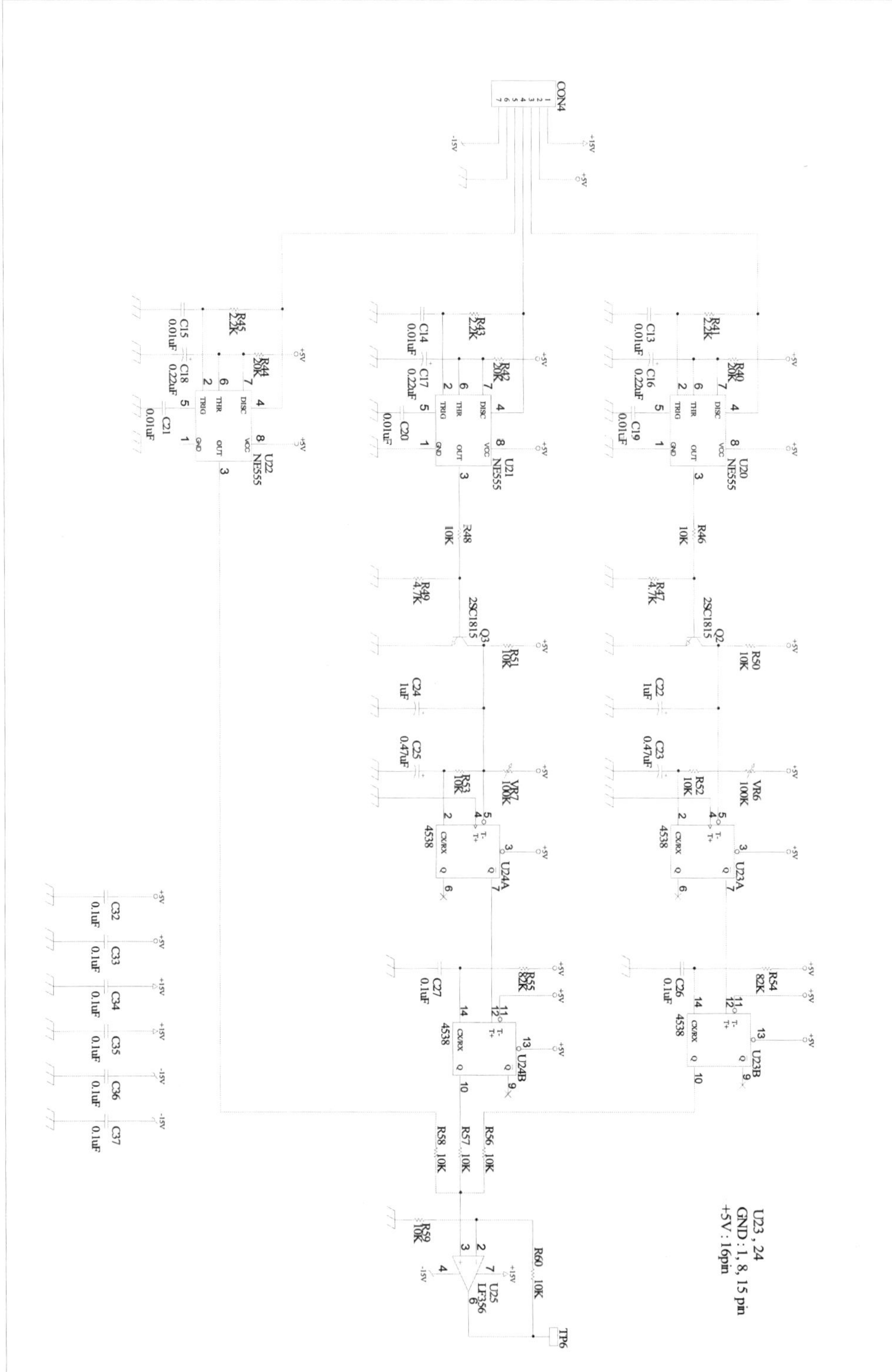

(1) 조정 및 측정

① TP6 측정 방법

U23의 10번핀의 위상이 U20의 3번핀의 위상보다 30 [ms] 뒤지게 하며, U24의 10번핀의 위상이 U21의 3번핀의 위상보다 15 [ms] 뒤지게 하여 TP6 파형을 측정하여 기록하시오.

② TP6 파형

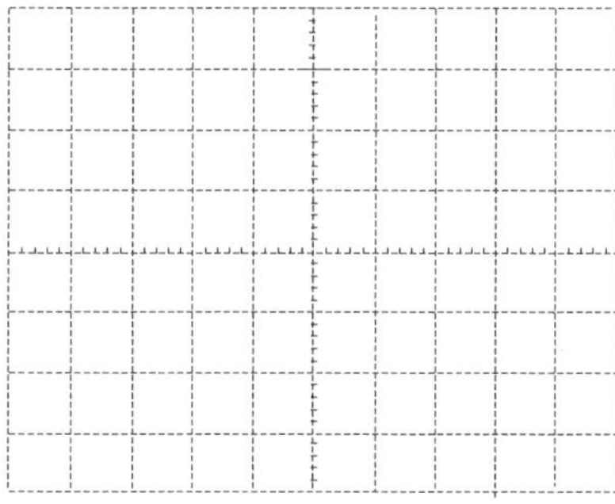

(2) 분석

CD4538BC
Dual Precision Monostable

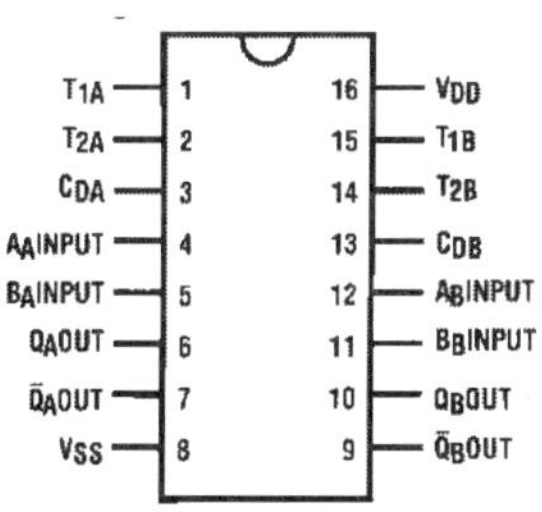

Top View

Truth Table

Inputs			Outputs	
Clear	A	B	Q	$\bar{Q}$
L	X	X	L	H
X	H	X	L	H
X	X	L	L	H
H	L	↓	⎍	⊔
H	↑	H	⎍	⊔

H = HIGH Level
L = LOW Level
↑ = Transition from LOW-to-HIGH
↓ = Transition from HIGH-to-LOW
⎍ = One HIGH Level Pulse
⊔ = One LOW Level Pulse
X = Irrelevant

① TP6 파형

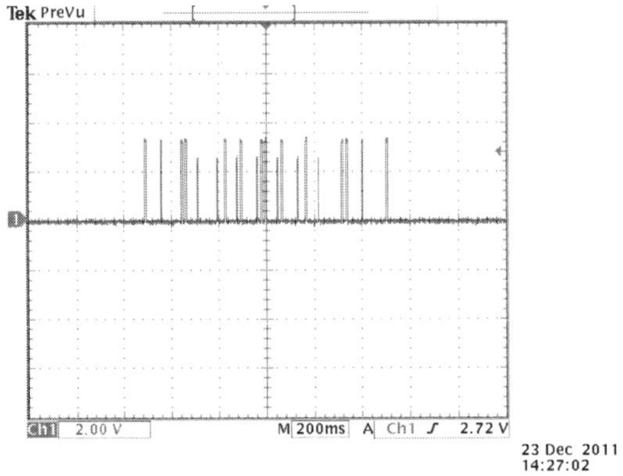

11장 TDM 통신방식 실습

11.1 회로의 개념

PAM 방식은 주파수 분할 다중화가 불가능하므로 PAM신호의 펄스폭을 주기에 비해 충분히 작게 조정하여 펄스와 펄스 간의 공백시간에 다른 PAM신호를 삽입하여 다중화가 가능하도록 하는 방식을 시분할 다중통신(TDM)방식이라 한다. 이번 실험은 두 신호파를 일정한 시간 간격으로 변조하고 이를 다시 분리해서 신호파를 출력하는 TDM 통신방식이다.

11.2 회로 블록도

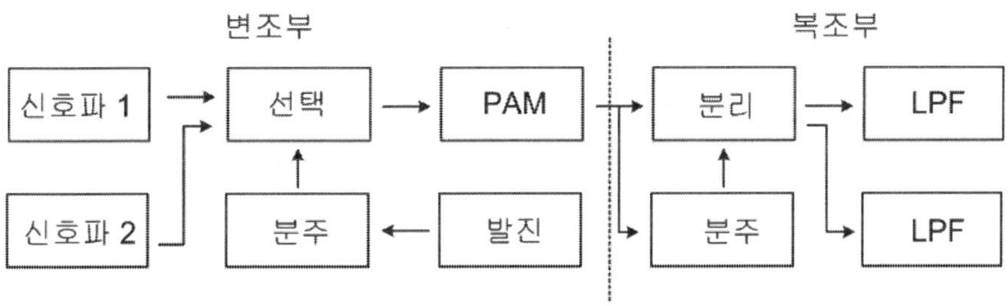

11.3 동작 개요

(1) 신호파 1, 2를 발진하여 일정한 크기로 제한한다.
(2) 선택기에서 두 신호파를 일정한 시간 간격으로 선택하여 변조한다.
(3) 변조파를 분리기에서 두 개의 신호파로 분리해 낸다.
(4) 분리된 신호파가 LPF를 거쳐서 출력된다.

11.4 재료 목록

번호	재 료 명	규 격 (치 수)	단위	소요량
1	IC	LF356	개	14
2	IC	TL082	개	1
3	IC	TC4053BP	개	2
4	IC	HD74LS00P	개	1
5	IC	HD74LS86P	개	1
6	IC	CD4013BCN	개	2
7	IC	NE555	개	2
8	IC	MC14027BCP	개	1
9	FET	2SK30A	개	2
10	TR	C1959	개	1
11	DIODE	1S1588	개	5
12	ZENER DIODE	RD5.1E	개	1
13	ZENER DIODE	RD6.1E	개	1
14	ZENER DIODE	RD3E	개	2
15	전해 콘덴서	10μF	개	2
16	세라믹 콘덴서	0.047μF	개	5
17	세라믹 콘덴서	0.1μF	개	24
18	세라믹 콘덴서	0.01μF	개	6
19	세라믹 콘덴서	1000pF	개	1
20	세라믹 콘덴서	200pF	개	2
21	세라믹 콘덴서	100pF	개	1
22	세라믹 콘덴서	0.022μF	개	4
23	가변 저항	10KΩ	개	3
24	가변 저항	50KΩ	개	2
25	저항	51KΩ	개	2
26	저항	56KΩ	개	1

번호	재 료 명	규 격 (치 수)	단위	소요량
27	저항	3.9KΩ	개	1
28	저항	10KΩ	개	7
29	저항	12KΩ	개	4
30	저항	1KΩ	개	14
31	저항	3.3KΩ	개	3
32	저항	1.2KΩ	개	2
33	저항	1MΩ	개	4
34	저항	680Ω	개	1
35	저항	33KΩ	개	1
36	저항	120KΩ	개	8
37	저항	100KΩ	개	1
38	저항	6.8KΩ	개	1
39	저항	2K	개	1
40	저항	27KΩ	개	1
41	저항	20KΩ	개	1
42	저항	3.6KΩ	개	1
43	저항	30KΩ	개	1
44	저항	470Ω	개	1
45	저항	1.5KΩ	개	1
46	저항	150KΩ	개	2
47	IC 소켓	8PIN	개	17
48	IC 소켓	14PIN	개	4
49	IC 소켓	16PIN	개	3
50	전원 단자	GREEN 5PIN	개	1
51	TP	LC-2-G	개	8

11.5 전체회로도

1) Part 1

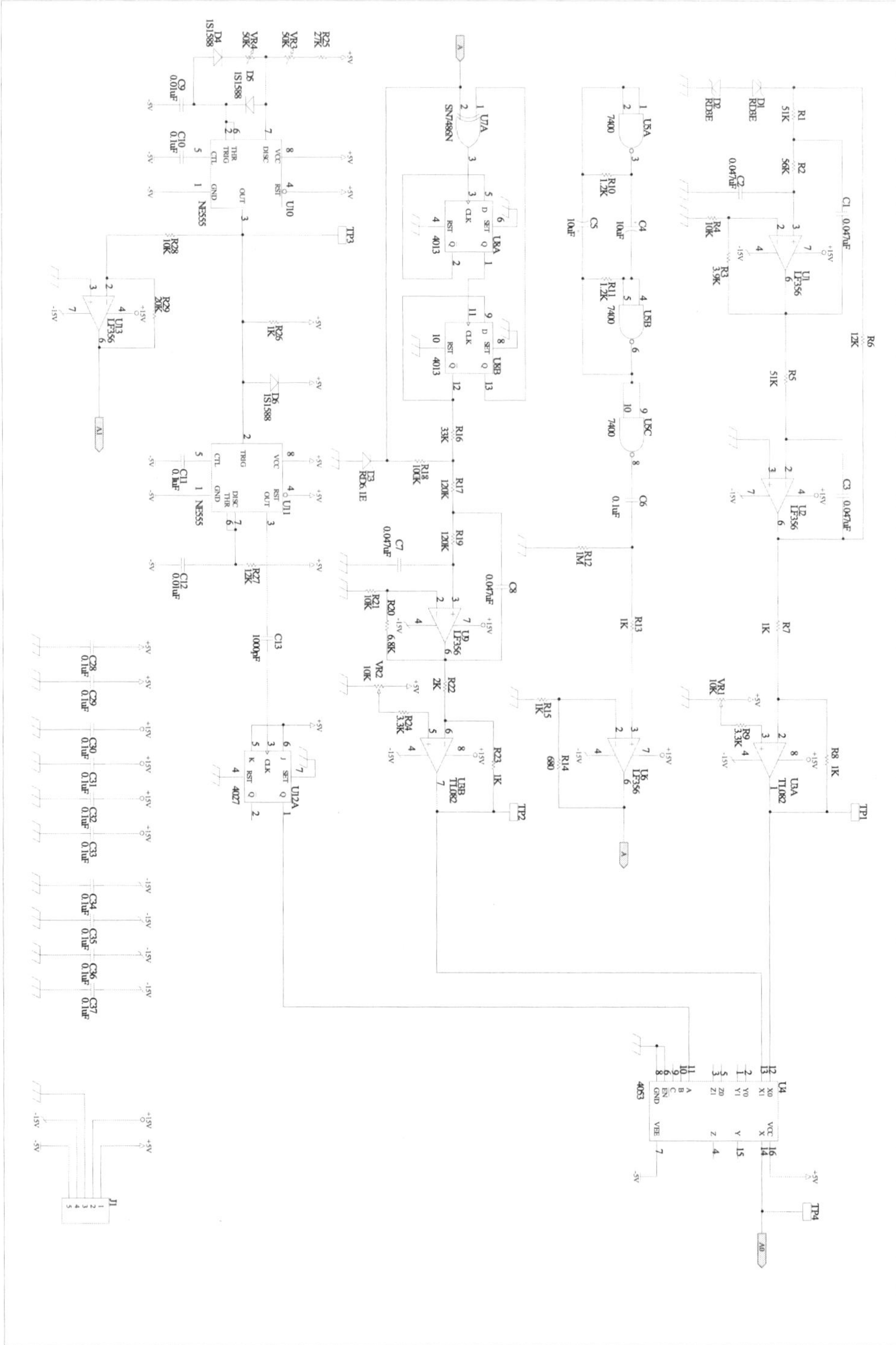

2) Part 2

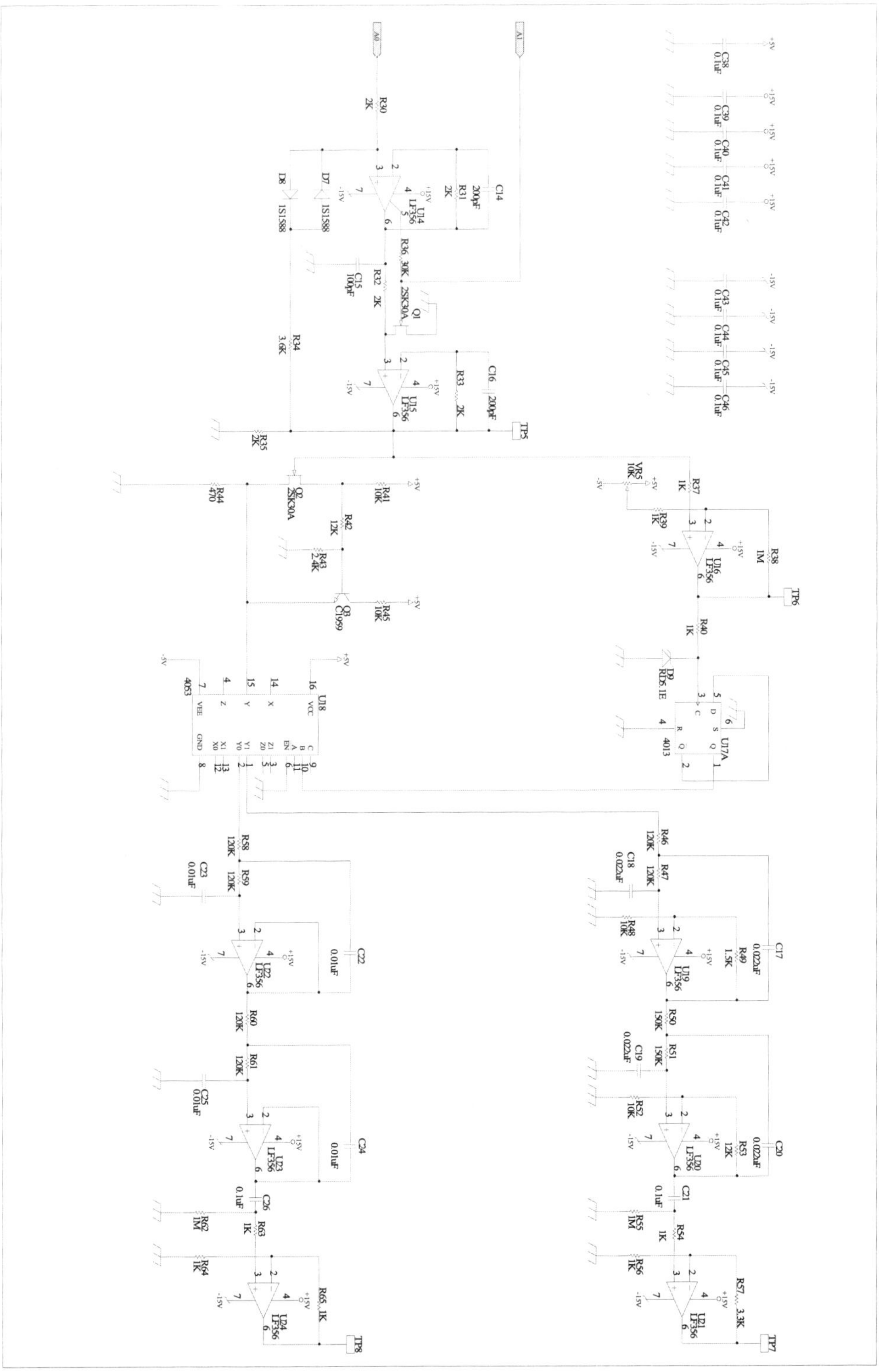

11.6 실습

1) Part 1(TP1, TP2) 실습

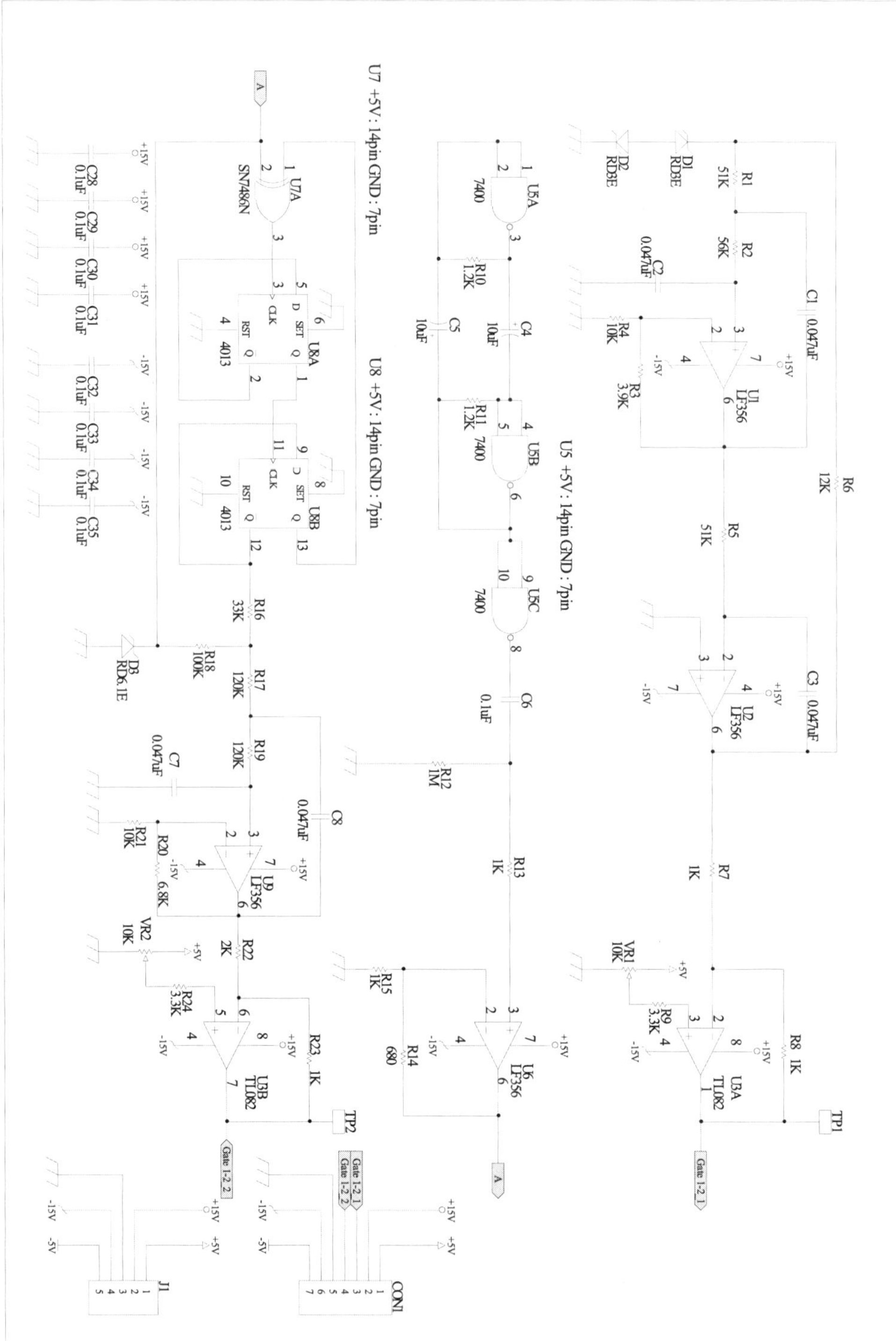

(1) 조정 및 측정

① TP1 측정

VR1을 조정하여 최저값이 0 [V]가 되도록 조정하고, TP1 파형을 측정하여 기록하시오.

② TP1 파형

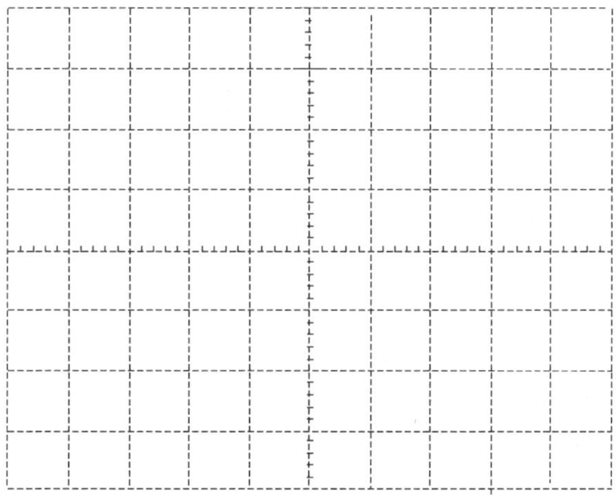

③ TP2 측정

VR2를 조정하여 최저값이 0 [V]가 되도록 조정하고, TP2 파형을 측정하여 기록하시오.

④ TP2 파형

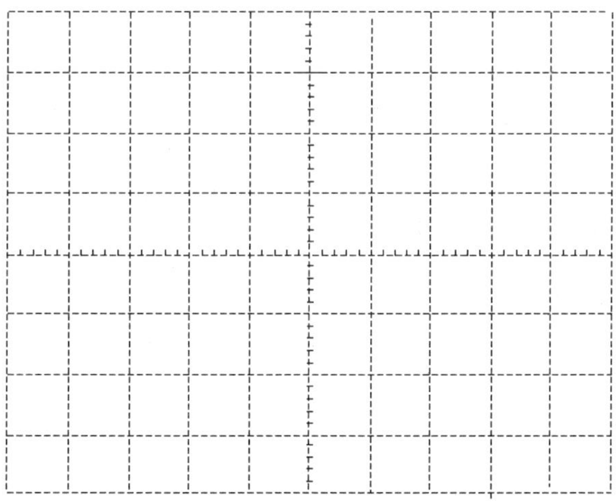

(2) 분석

① Part 1(TP1, TP2)

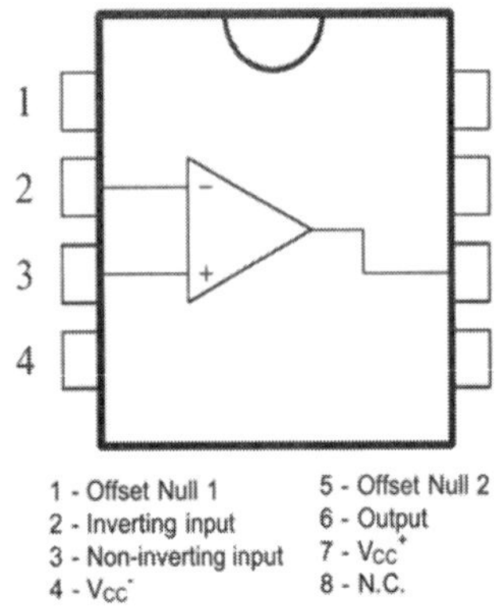

LF356, μ A741 구조

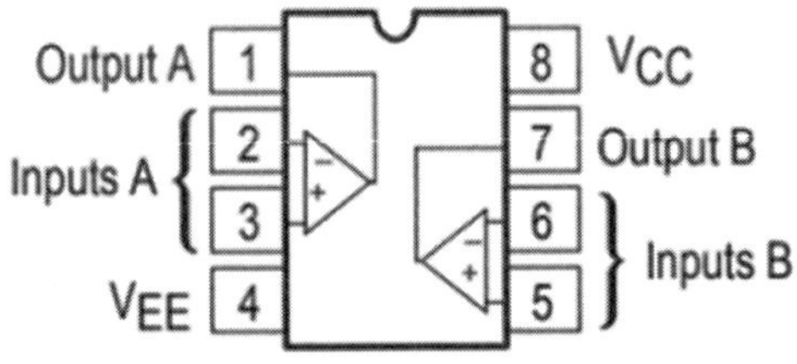

TL082($V_{EE}=-15[V], V_{CC}=+15[V]$)

4027(CMOS Dual Master-Slave Flip-Flop)

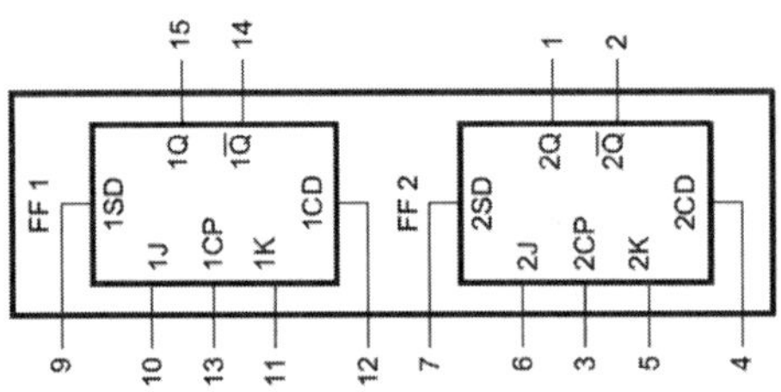

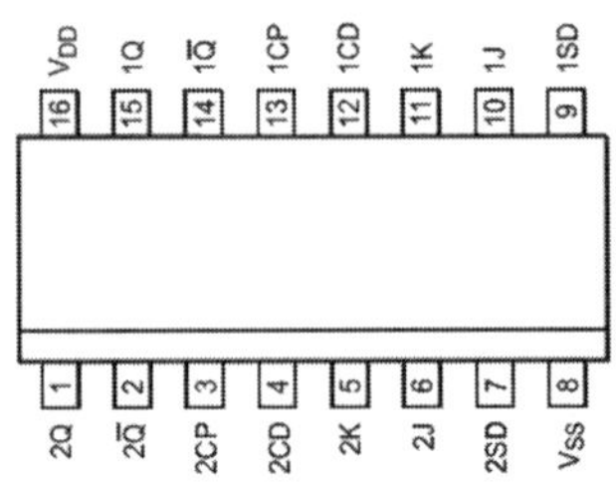

nCD: Reset, nSD : set V_{ss} : GND, V_{DD} : 공급전압

Logic "1" : High Level, Logic "0" : Low Level, X : don't care

현상태					클럭	다음상태		
입력				출력		출력		
J	K	S	R	0		Q	$\overline{Q}$	
1	X	0	0	0	_/‾	1	0	
X	0	0	0	1	_/‾	1	0	
0	X	0	0	0	_/‾	0	1	
X	1	0	0	1	_/‾	0	1	

* S=R=0, J=K=1이면 , 클럭에따라 반전상태

NE 555 PIN 접속단자

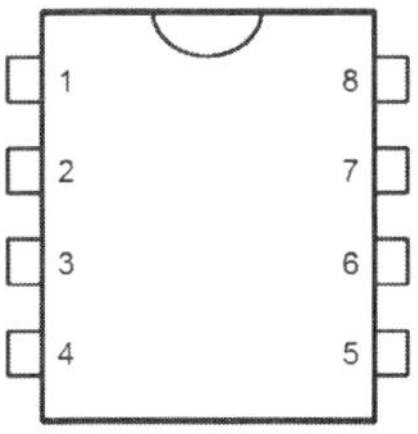

1 - GND
2 - Trigger
3 - Output
4 - Reset
5 - Control voltage
6 - Threshold
7 - Discharge
8 - V_{CC}

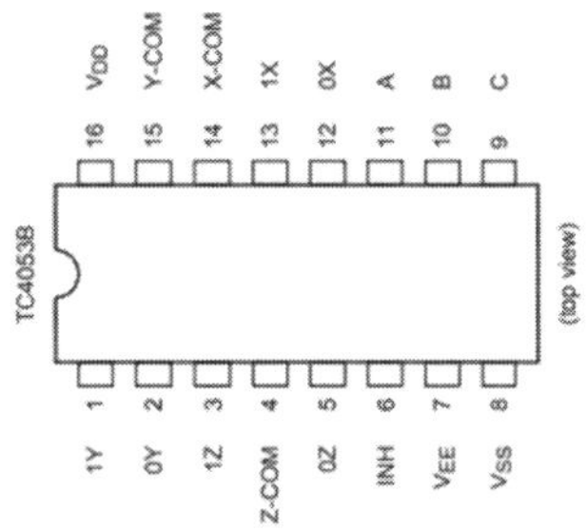

4013 PIN 접속단자 및 진리표

Connection Diagram

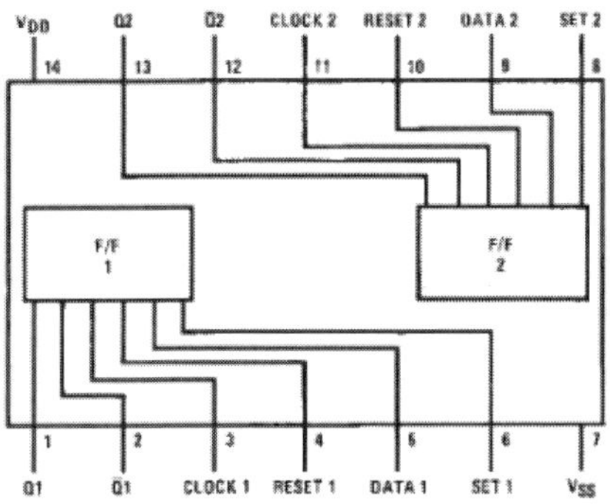

Top View

Truth Table

CL (Note 1)	D	R	S	Q	$\overline{Q}$
↑	0	0	0	0	1
↑	1	0	0	1	0
↓	x	0	0	Q	$\overline{Q}$
x	x	1	0	0	1
x	x	0	1	1	0
x	x	1	1	1	1

No Change
x = Don't Care Case
Note 1: Level Change

7400 PIN 접속단자

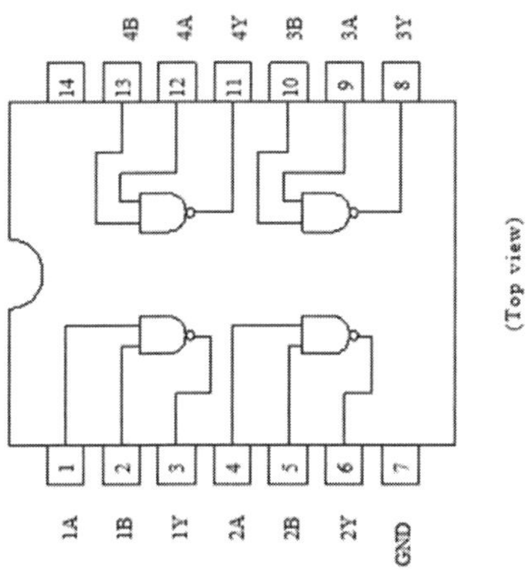

7486 PIN 접속단자

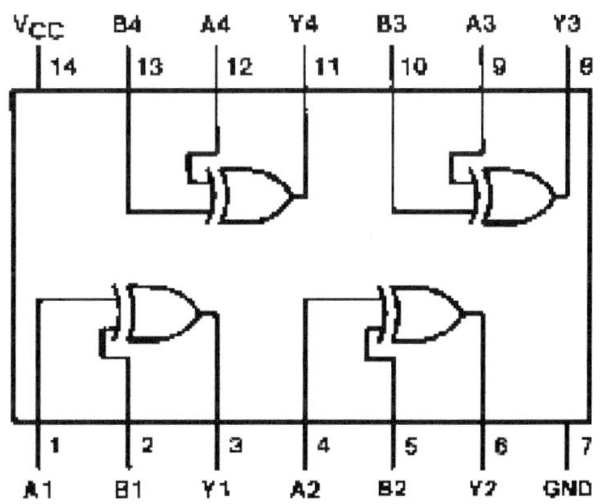

② TP1 : $X_0(t)$ 파형

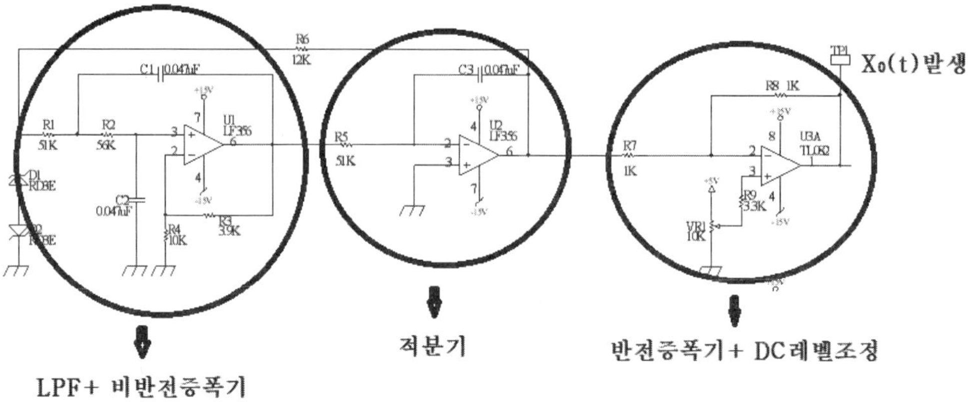
X₀(t)발생
적분기
반전증폭기+ DC레벨조정
LPF+ 비반전증폭기

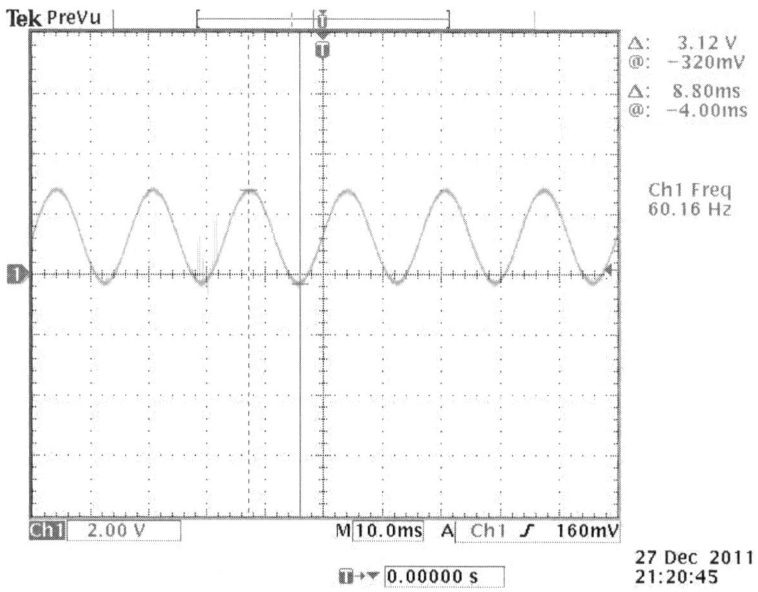
Tek PreVu
Δ: 3.12 V
@: -320mV
Δ: 8.80ms
@: -4.00ms
Ch1 Freq
60.16 Hz
Ch1 2.00 V
M 10.0ms A Ch1 ∫ 160mV
0.00000 s
27 Dec 2011
21:20:45

③ TP2 : $X_1(t)$ 파형

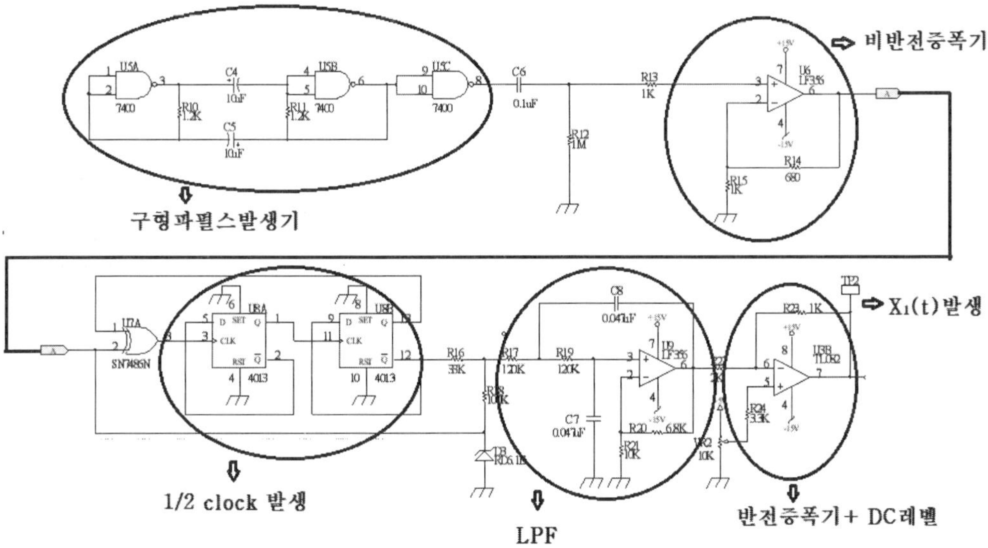
비반전증폭기
구형파펄스발생기
X1(t)발생
1/2 clock 발생
LPF
반전증폭기+ DC레벨

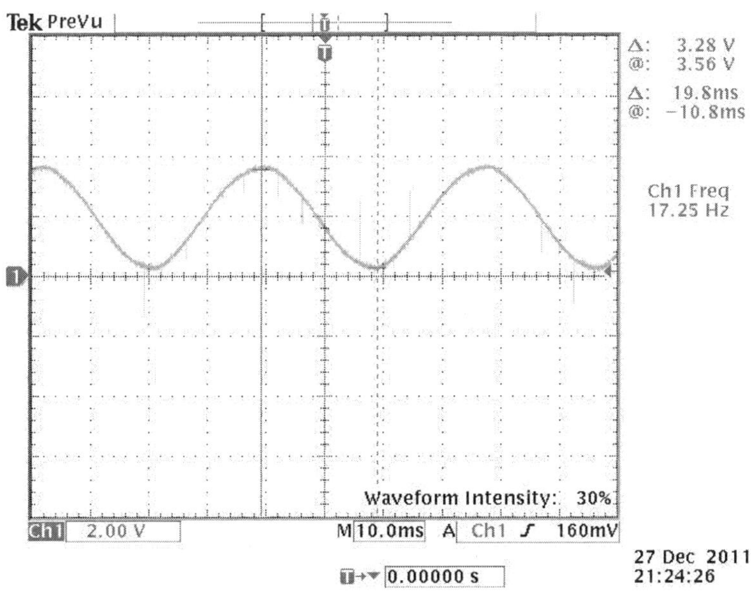
Tek PreVu
Δ: 3.28 V
@: 3.56 V
Δ: 19.8ms
@: −10.8ms
Ch1 Freq
17.25 Hz
Waveform Intensity: 30%
Ch1 2.00 V
M 10.0ms A Ch1 160mV
0.00000 s
27 Dec 2011
21:24:26

2) Part 1(TP3, TP4) 실습

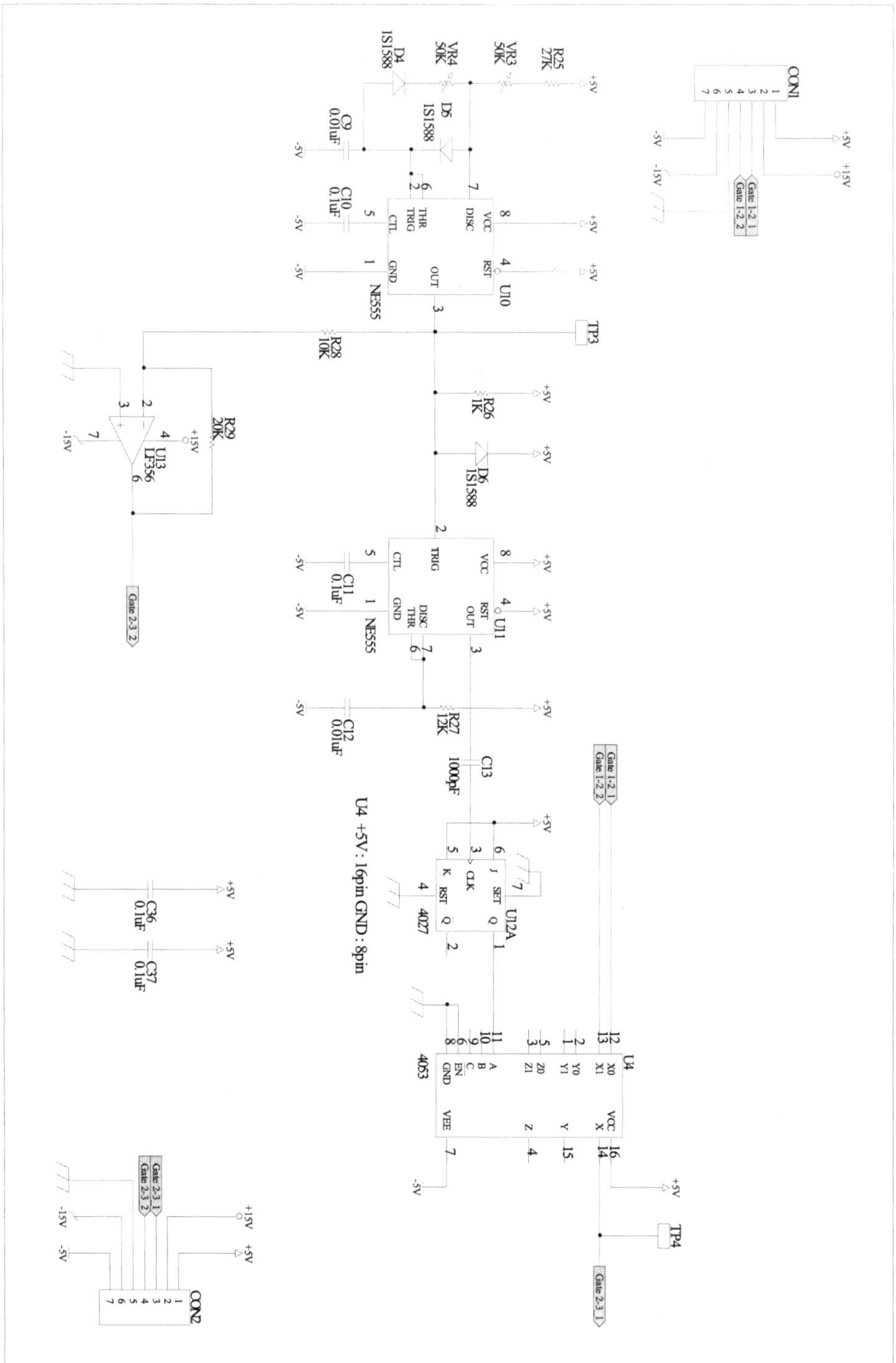

(1) 조정 및 측정

① TP3 측정

VR2와 VR3를 조정하여 주파수가 1 [kHz] 되도록 조정하고, TP3 파형과 TP4 파형을 측정하여 기록하시오.

② TP3 파형

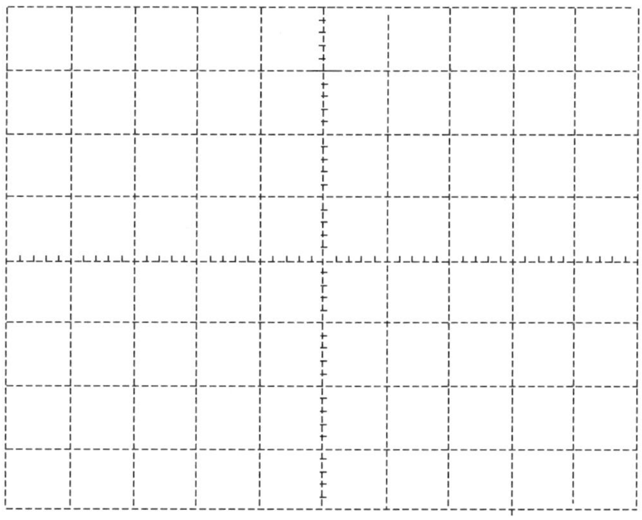

③ TP4 파형

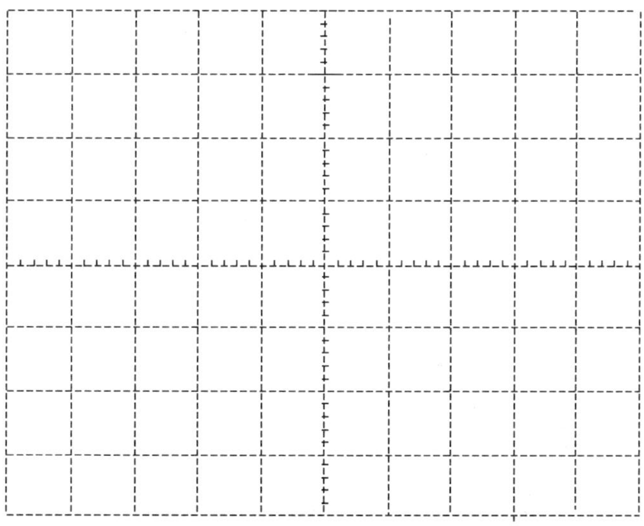

(2) 분석

① TP3 : A_1, TP4 : A_0

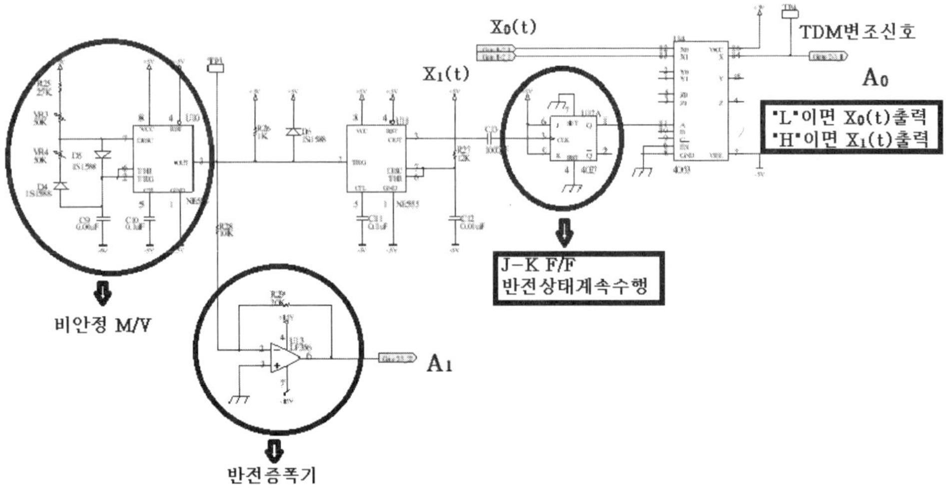

② TP3 파형

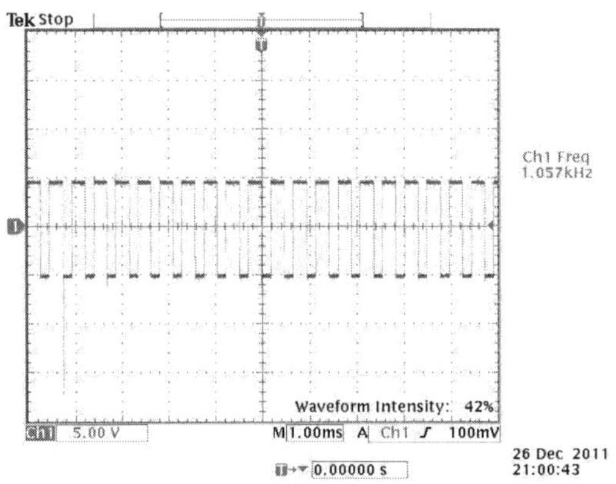

③ TP4 파형

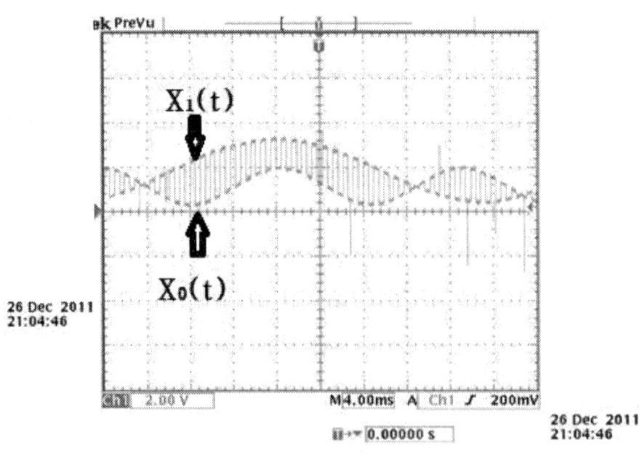

3) Part 2(TP5) 실습

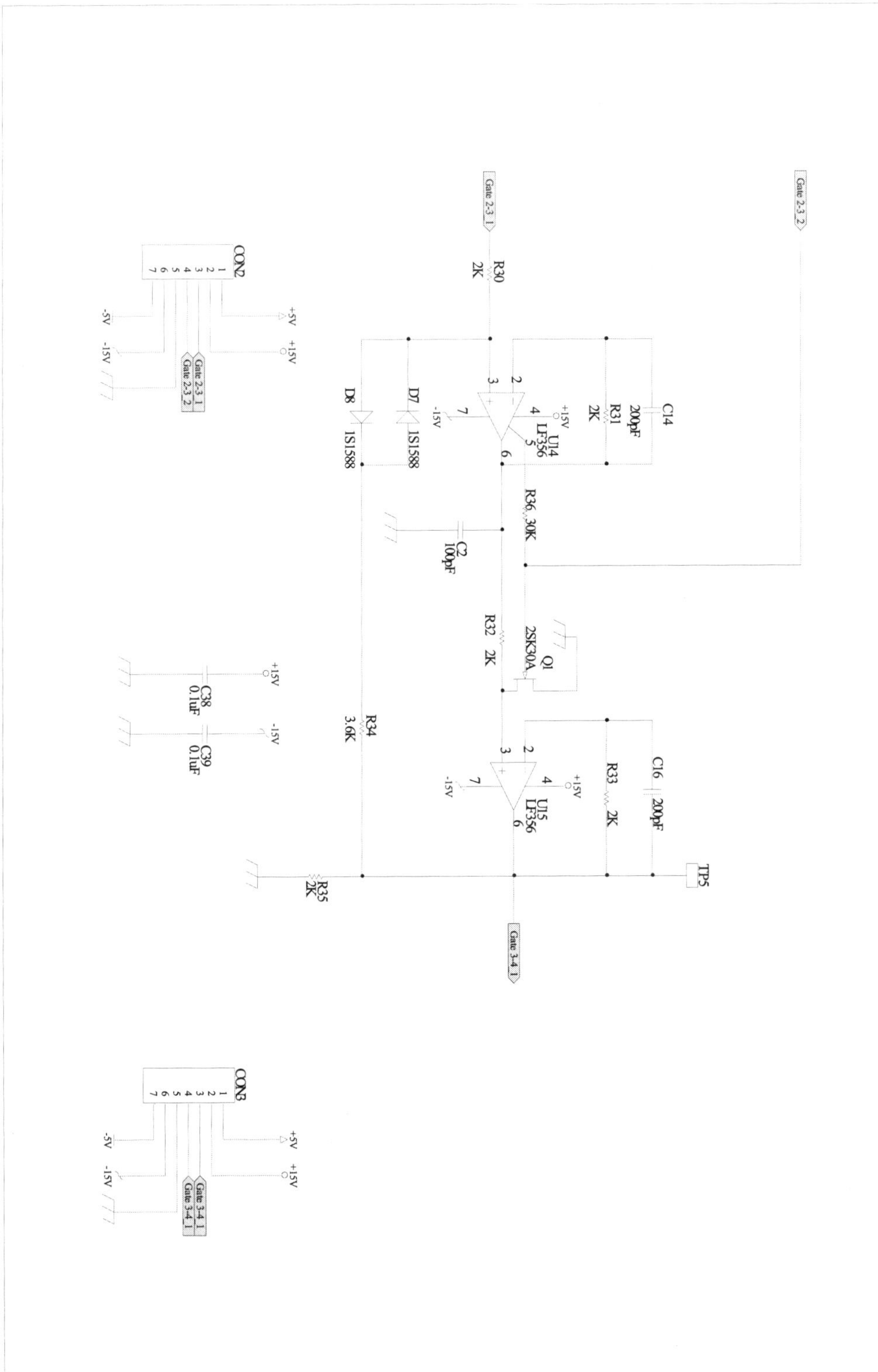

(1) 조정 및 측정

① TP5 측정

TP5는 TP4와 같이 동기를 맞추어 조정하고, TP5 파형을 측정하여 기록하시오.

② TP5 파형

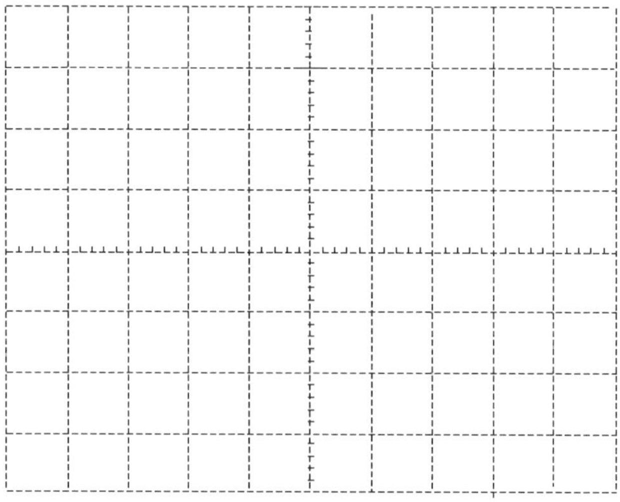

(2) 분석

① TP5 파형

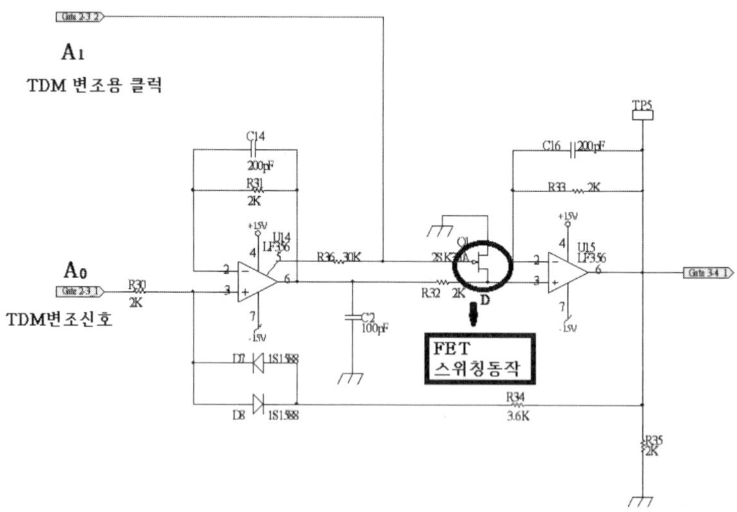

J FET의 스위칭 동작

$V_{GS} = 0$: 스위치 ON, $V_{GS} \leq V_{GHS(off)}$: 스위치 OFF

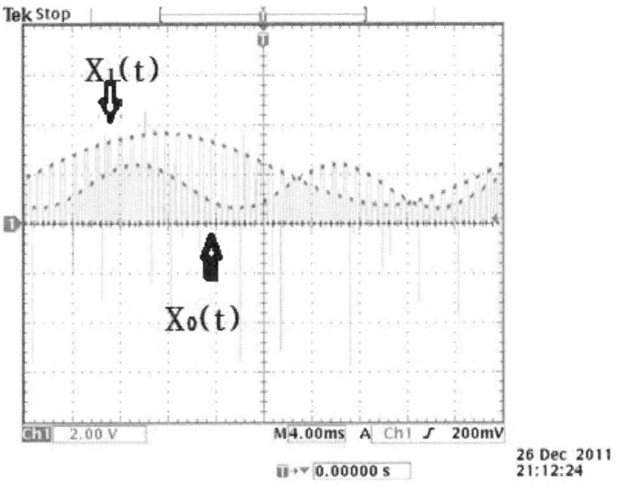
Tek Stop
X1(t)
X0(t)
Ch1 2.00 V
M4.00ms A Ch1 200mV
0.00000 s
26 Dec 2011
21:12:24

4) Part 2(TP6, TP7, TP8) 실습

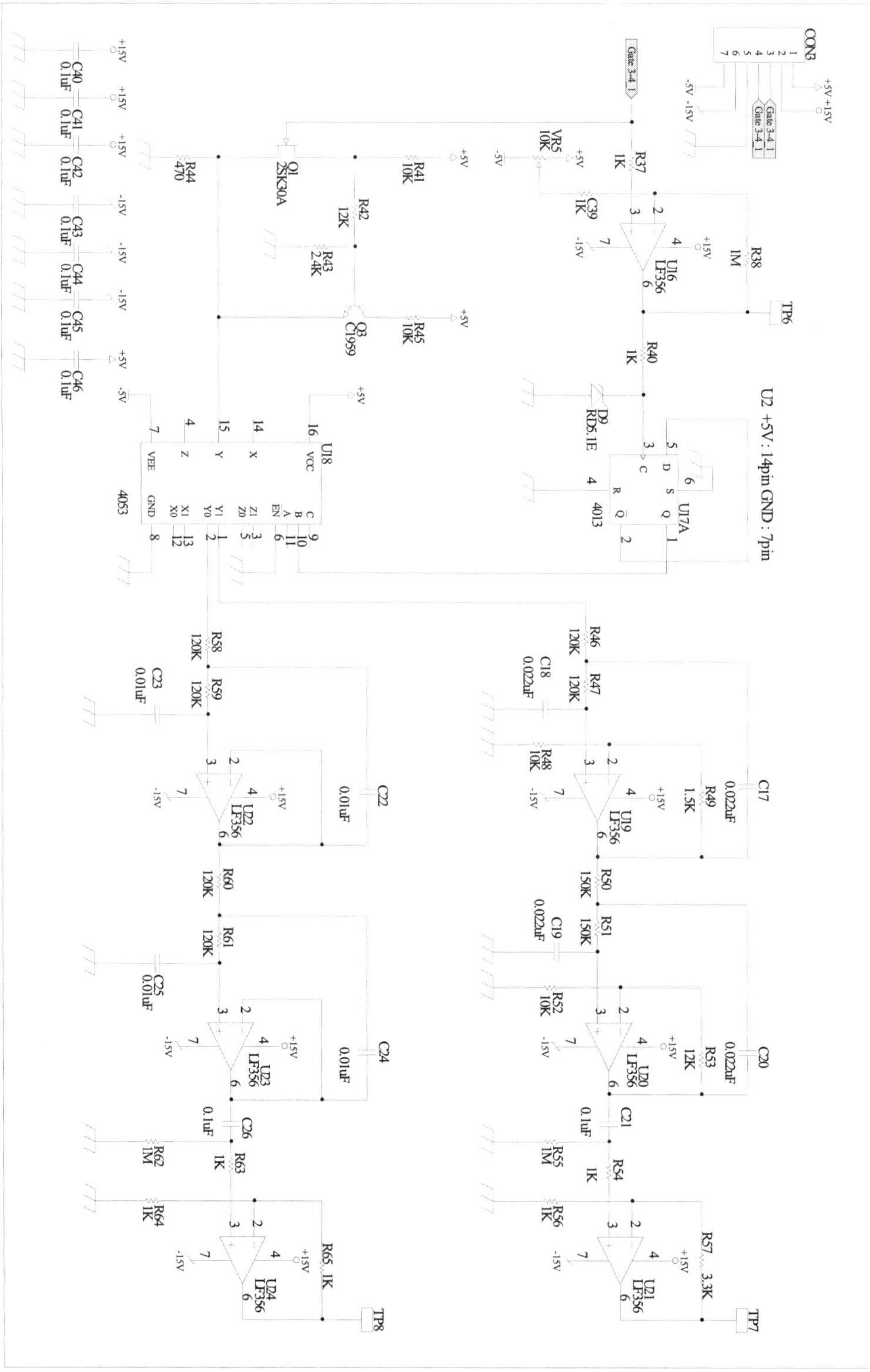

(1) 조정 및 측정

① TP6, TP6, TP7 측정

TP6, TP6, TP7 파형을 측정하여 기록하시오.

② TP6 파형

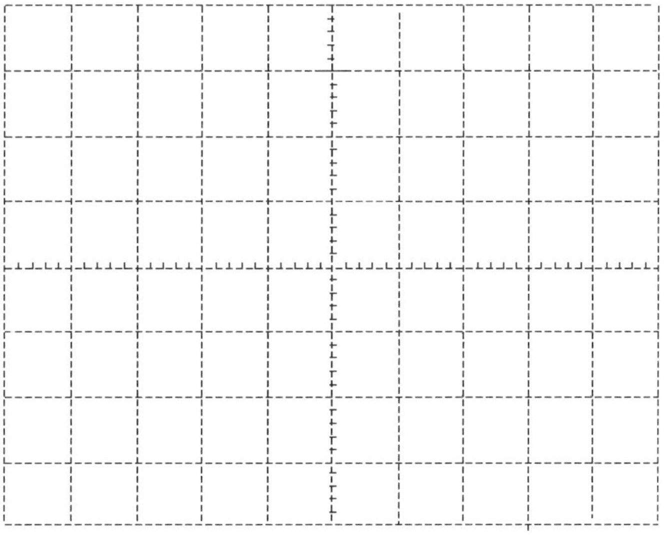

③ TP7 파형

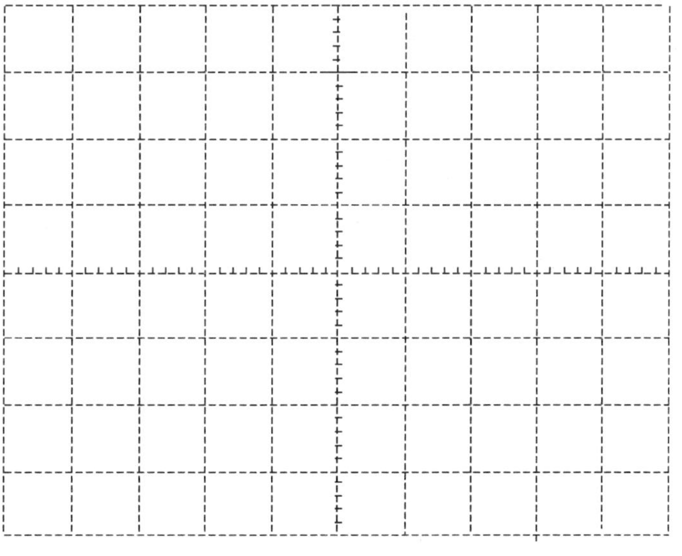

④ TP8 파형

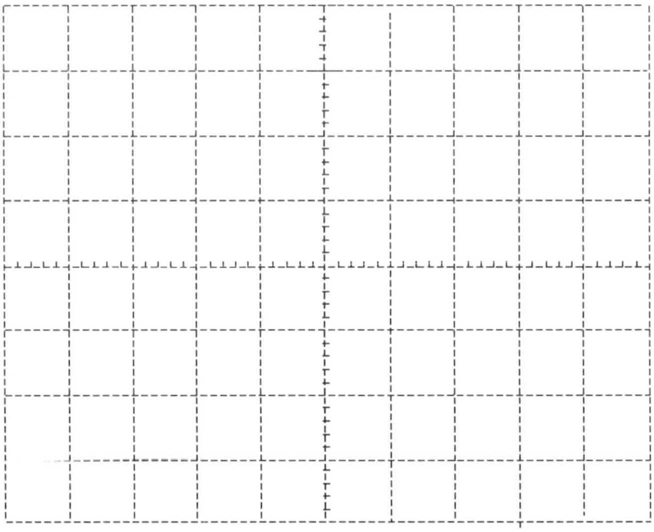

(2) 분석

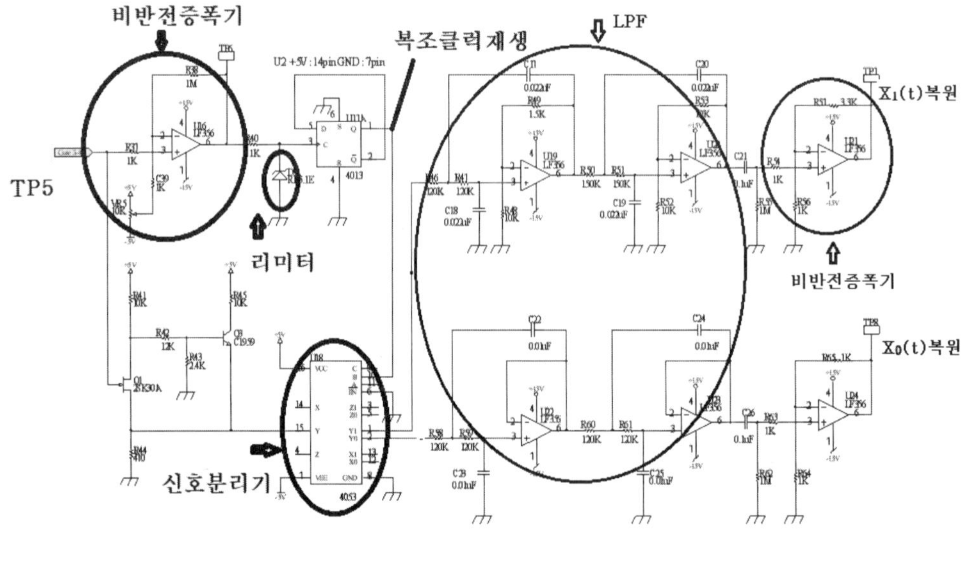

① TP6 파형

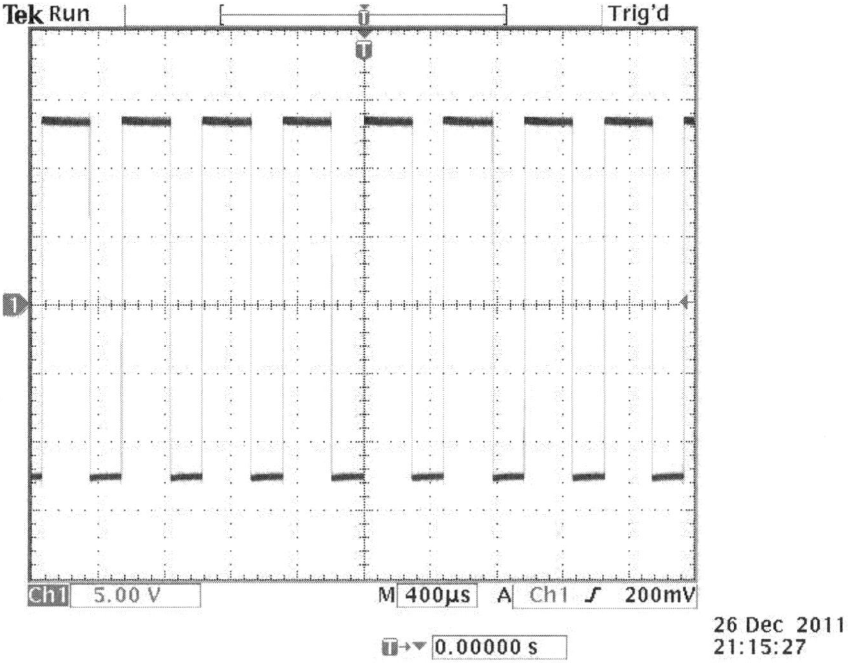

② TP7 : $X_1(t)$ 파형

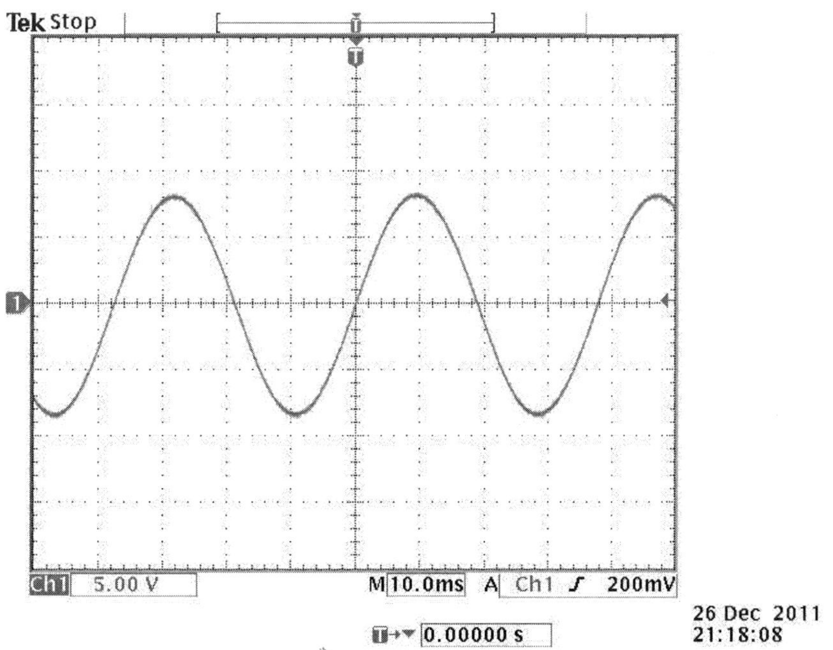

③ TP8 : $X_0(t)$ 파형

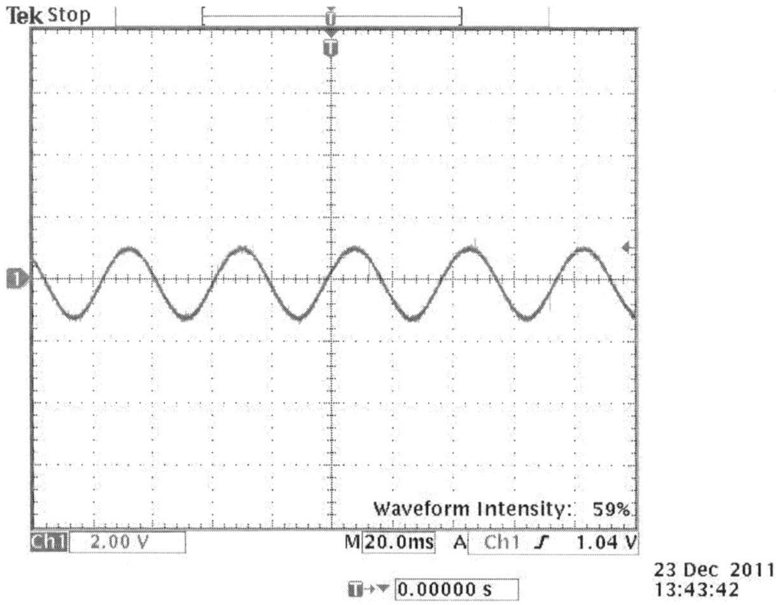
Tek Stop
Waveform Intensity: 59%
Ch1 2.00 V
M 20.0ms A Ch1 ∫ 1.04 V
0.00000 s
23 Dec 2011
13:43:42

저자와의
협의에 의해
인지 생략

통신시스템실습

2판 1쇄 2022년 1월 20일

저 자	최승덕
발행인	송광헌
발행처	복두출판사
주 소	서울특별시 영등포구 경인로82길 3-4 센터플러스 807호 (우) 07371
전 화	02-2164-2580
FAX	02-2164-2584
등 록	1993. 11. 22. 제 10-902 호

정가 : 10,000원

ISBN : 979-11-6675-098-4 93560

한국과학기술출판협회 회원사

불법복사는 지적재산을 훔치는 범죄행위입니다.(저작권법 제97조 5항)